KB274393

나를
위로해 준

서울의
아름다운
길

서울 꽃길 단풍길

　4년 동안 다니던 회사를 그만두고 런던으로 떠났다. 여섯 달이 지나고 한국으로 돌아왔지만 크게 달라진 건 없었다. 당장 취업을 해야 했지만, 한동안 미뤄뒀다. 나이 많은 백수에겐 서울은 더 삭막하고 더 막막했다. 사람들은 여전히 급하게 움직였고, 유행은 더 빨라졌고, 물가는 나날이 치솟았다. 버스와 지하철은 언제나 만원이었고, 어딜 가든 사람으로 붐볐다. 온 도시가 쉴 새 없이 바빴고 사람만으로도 빽빽했다. 무엇보다 그리운 것은 공원이었다. 달콤한 낮잠을 자던 런던의 수많은 공원들이 하루에 수십 번씩 생각났다. 그래서 서울의 아름다운 길을 찾아다니는 일은 서울에 다시 정을 붙여야 하는 나에게 무엇보다 필요한 재활 과정이었다. 힘들기보단 언제나 즐거운 쪽이었다. 어느 봄날, 사직공원에 가던 날이 떠오른다. 한가로운 오후에 내리쬐는 햇살을 만끽하며 벚꽃길을 천천히 걷던 즐거움이 아직도 생생하다.

　자연이 우리에게 주는 즐거움이 많지만 그 중 으뜸은 봄에는 꽃이 피고 가을에는 단풍이 든다는 사실이다. 꽃잎이 바람에 흩날리고 낙엽이 쌓이는 모습은 생각만으로도 저절로 행복해지는 풍경이다. 사계절이 있는 우리나라에서 누릴 수 있는 특별한 혜택인 셈이다. 그런데 서울의 바쁜 삶에서 그런 즐거움을 제대로 누리고 사는 이들이 얼마나 될까? 그래서 쉽게 갈 수 있는 서울의 꽃길과 단풍길을 찾아다녔다. 그러다보니 이 이야기를 다른 사람들에게도 해주고 싶은 마음에 책을 쓰게 됐다. 일생에 한번쯤은 가보고 싶은 그림 같은 멋진 길도 많다. 하지만 멀리 있어 선뜻 가지 못하는 길보다는 가까이 있어 쉽게 찾을 수 있는 곳이 훨씬 낫다. 몸이 멀어지면 마음도 멀어진단 이야기는 여기서도 마찬가지다. 마음의 여유가 조금만 있어도 언제든 갈 수 있는 곳이 가장 좋은 길이 아닐까?

봄꽃하면 떠오르는 벚꽃부터 철쭉, 유채꽃, 창포꽃, 장미, 양귀비와 한여름의 배롱나무꽃, 가을의 국화까지 꽃구경을 참 많이 했다. 단풍길도 마찬가지다. 서울에서 이름난 단풍길 가운데 아름답고 걷기 좋은 길, 친구에게 소개하고 싶은 길을 골라보았다. 충실한 정보와 좋은 사진을 얻기 위해 노력했다. 또 같이 둘러보면 좋을 곳들도 다 가보고 동선도 짜 보았다. 어떻게 해야 멋진 사진이 나올까 고민하며 꽃과 단풍을 열심히 들여다보았다.

사전답사는 물론이고 개화시기와 단풍시기를 맞추기 위해 공원관리사무소나 담당 구청직원을 귀찮게도 했다. 그렇게 했어도 예보와는 달리 날씨가 좋지 않아 서너 번씩 가본 곳도 많다. 덕수궁의 배롱나무가 가장 기억에 남는다. 담당 직원분이 개화시기가 되면 알려주기로 하셨는데 다른 분에게 연락이 왔다. 갑자기 입원을 하게 된 와중에 내 연락처를 알려주며 배롱나무 꽃이 피면 꼭 알려주라고 당부했다는 것이다. 그 마음이 배롱나무 꽃만큼이나 참 고왔다.

지난 일 년 동안 참 많은 길을 걸었다. 서울 구석구석을 돌아다니다보니 시크한 이 도시가 어느새 따뜻하게 느껴진다. 재활이 성공하여 서울에 적응한 것이다. 지금까지 나를 서울 여기저기로 끌고 다녔던 이 프로젝트가 끝난다고 생각하니 아쉽다. 이제 또 무엇이 나를 사로잡고 끌어당길 수 있을까. 고민은 계속되겠지만 확실한 건 즐겁게 살 수 있는 길이어야 할 것 같다.

거대 도시 서울에서 산다는 것은 쉽지 않은 일이지만 이 책을 통해 산책하는 즐거움을 다시 찾게 되었으면 좋겠다. 이 책에 소개된 길이 아니어도 좋다. 잠시 고민을 잊고 마음을 달랠 수 있다면 어디라도 오케이다. 아, 추천곡이 하나 있다. 가을방학의 '속아도 꿈결'이다. 이 노래와 함께라면 더욱 즐거운 산책이 될 것 같다. 이 글을 읽어준 모든 이들에게 감사를 전한다.

꽃피는 봄날, 전현규

목차:

part1
걷고 싶은 서울 꽃길

1. 삼청공원에서 북악산길 - 서울의 시크릿 가든 / 종로구 삼청동　　　　　　　　12

2. 사직공원에서 인왕산길 - 둘이서 걷는 오붓한 벚꽃길 / 종로구 사직동　　　　　20

3. 서대문 안산공원 - 도심 속 숨은 꽃동산 / 서대문구 연희동　　　　　　　　　28

4. 관악산 둘레길 - 산과 만나는 길, 아버지와 만나는 길 / 관악구 대학동　　　　36

5. 간송미술관에서 길상사 - 고즈넉한 정취를 따라 걷는 성북동 옛길 / 성북구 성북동　　44

6. 청계천 수표다리길 - 5월에 눈 내리는 길 / 종로구 창신동　　　　　　　　　52

7. 서울숲 - 하이드파크가 부럽지 않은 서울의 숲 / 성동구 성수동　　　　　　　60

8. 서래섬 - 유채꽃이 만드는 포토제닉 아일랜드 / 서초구 반포동　　　　　　　68

9. 창포원 - 붓꽃 가득한 낭만 속으로 / 도봉구 도봉동　　　　　　　　　　　76

10. 북서울 꿈의 숲 - 아이들의 dream come true / 강북구 번동　　　　　　　84

11. 올림픽공원 장미광장 - 백만 송이 장미꽃은 사랑을 싣고 / 송파구 방이동　　　92

12. 서울대공원 장미원 - 사랑과 열정을 그대에게 / 과천시 막계동　　　　　　　100

13. 월드컵공원 평화의 공원 - 화려한 양귀비 카펫을 걷다 / 마포구 상암동　　　　106

14. 홍릉수목원 - 피톤치드 가득한 봄 향기 넘치는 길 / 동대문구 청량리동　　　　114

15. 세미원 - 연꽃 따라 걷는 길 / 경기도 양평군 양서면　　　　　　　　　　120

16. 덕수궁 - 태양을 피해 배롱나무 꽃 향기 속으로 / 중구 정동　　　　　　　　128

17. 조계사 - 국화와 함께 가을을 느끼다 / 종로구 견지동　　　　　　　　　　136

18. 부천 자연생태공원 - 국화가 선물하는 앵콜 공연 / 부천시 원미구 춘의동　　　144

part 2
걷고 싶은 서울 단풍길

19. 월드컵공원 하늘공원 – 하늘에 닿는 곳, 억새 숲길 / 마포구 상암동 ... 154

20. 남산 북측순환로 – 서울 단풍의 시작은 남산에서 / 중구 예장동 ... 162

21. 태릉 화랑로 – 청춘이여, 걸으며 하늘을 보라 / 노원구 공릉동 ... 170

22. 창덕궁 후원 – 시크릿 가든의 가을 / 종로구 와룡동 ... 178

23. 경복궁 돌담길 – 과거와 현재가 만나는 길 / 종로구 세종로 ... 186

24. 덕수궁 돌담길 – 가을을 돌담을 타고 흐른다 / 중구 정동 ... 194

25. 양재 시민의 숲 – 서울 시민들의 낙엽 천국 / 서초구 양재동 ... 200

26. 효창공원 – 솔아 솔아 푸르른 솔아 / 용산구 효창동 ... 208

27. 석촌 호수공원 – 단풍 든 호수에 노 저어 가오 / 송파구 잠실동 ... 216

28. 올림픽공원 위례성길 – 은행나무 늘어선 명랑 가을길 / 송파구 방이동 ... 224

29. 보라매공원 – 젊은 기상이 활공하는 곳 / 동작구 신대방동 ... 230

30. 서서울호수공원 – 지금 비행기를 만나러 갑니다 / 양천구 신월동 ... 238

31. 능동로 – 담장이 없어 더 걷고 싶은 길 / 광진구 능동 ... 246

32. 송정제방 – 단풍의 속도를 따라 걷는 길 / 성동구 송정동 ... 254

작가의 말 – 나를 위로해 준 서울의 아름다운 길 ... 4

부록 – 그 외에 더 추천하고 싶은 꽃길&단풍길20 ... 261

걷고 싶은
서울 꽃길

1)

삼청공원에서 북악산길 :

서울의 시크릿가든(종로구 삼청동)

writer's tip

밤에 삼청공원을 찾는 연인은 결혼한다는 속설이 있다. 연인과
함께라면 밤도 좋겠다! 서울성곽길 북악산 구간은 신분증을
내고 출입증을 받아야 통행 가능하다. 신분증을 챙기자.

가는 방법	삼청동 길을 걸어 올라가거나 마을버스 또는 자가용을 이용해야 한다. 광화문 교보문고 앞에서 마을버스 11번을 타고 종점에서 하차. 3호선 안국역에서 도보 20분. 삼청공원 정문에 노상주차장이 있지만 규모가 크지 않다.(10대 내외)
규모/소요시간	삼청공원의 규모는 크지 않으나 북악산으로 이어지는 순환산책로(2.4km)가 호젓하고 경치가 좋다.(1시간)
추천시기	4월 중순에는 개나리, 진달래부터 벚꽃, 때죽꽃까지 다 볼 수 있다. 봄이 가장 좋지만 여름에는 계곡과 그늘이, 가을에는 단풍이 좋다.
개화시기	벚꽃 4월 초중순
편의시설	삼청공원 입구에 화장실이 있다. 공원 내에 매점이 없으므로 물이나 간단한 먹을 것은 미리 준비하면 좋겠다.
경사정도/복장	어느 정도 산을 오르는 기분으로 준비하면 알맞다. 등산화나 트레킹화도 좋고 운동화나 단화도 문제없다.
주소/문의	서울시 종로구 삼청동 산2, 731-0320

삼청공원 입구. 북악산 벚꽃길이 여기서부터 시작된다.

새로운 버릇이 생겼다. 서울 어딜 가든 생각한다. '여기 괜찮네, 나중에 카를로스 데려오면 좋겠다.' 혹은 '에이, 여긴 별로네. 안되겠다.'라고 말이다. 아! 카를로스는 작년에 런던에서 만난 스페인 친구다. 처음으로 생긴 외국인 친구. 체육 선생님인 카를로스는 신혼여행으로 서울에 오겠단다. 서울을 안내할 생각에 벌써부터 마음이 들뜬다. 그래서 미리 어딜 데려갈지 준비 중이다. '강남스타일'에 열광하는 카를로스지만, 나는 강남보단 강북을 안내하고 싶다. 아무래도 서울의 전통을 알기에는 강북이 낫다. 그래서 삼청동에 데려갈 생각이다. 이유는 많다. 삼청동엔 한옥도 있고 운치 있는 맛집도 즐비하다. 하지만 무엇보다 삼청공원이 있다.

삼청공원은 가기에 만만한 곳은 아니다. 안국역부터 길고 긴 삼청동의 간판 행렬을 지나 십여 분을 올라가야 겨우 삼청공원이 보인다. 입구 또한 매우 작고 좁다. 정말 숨어있는 느낌이다. 그렇다, 이 삼청공원은 시크릿 가든이다. 들어서기 전까지는 그 비밀을 알 수 없는. 삼청공원은 작다. 어린이 놀이터가 있고 운동시설이 전부인 것처럼 보인다. 내가 간 날은 외국인이 한국인보다 더 많았다. 놀이터에서 뛰어노는 금발의 러시아 꼬마부터 홀로 조깅하는 덥수룩한 수염의 할아버지까지. 혹시 이들도 비밀을 알고 온 건가! 비밀은 공원 입구 표지판만 봐도 알게 된다. 북악산의 울창한 수풀로 진입하는 산책로의 시작이 삼청공원이다. 일종의 게이트다. 도심에서 자연으로 단번에 이동하는 비밀 게이트. 공원 정문–성균관대학교 후문–와룡공원–말바위 전망대–말바위 입구–공원 후문까지 1시간 남짓 걸리는 추천코스를 따라 올라가 보자.

걸음을 옮기자마자, 북악산 구석구석에 숨어있던 온갖 꽃들이 나타난다. 벚꽃부터 시작해서 개나리, 조팝나무꽃이 만발했고 이름 모를 꽃도 수두룩하다. 푯말 하나가 눈에 띈다. '겨울이 없다면 봄은 그렇게 즐겁지 않을 것이다.' 20여 분을 올라가니 와룡공원이다. 탁 트인 전망이 눈에 들어온다. 저 멀리 남산부터 서울 시내가 한눈에 훤하다. 와룡공원에서 오르는 길에는 서울 성곽이 있다. 고즈넉한 성곽길을 따라 진달래와 개나리를 벗 삼아 걷는다. 다시 20여 분을 가다보면 드디어 말바위 전망대가 보인다. 좀더 힘을 내서 나무 데크로 이어진 계단을 오르면, 북악산이 준비해놓은 선물이 기다리고 있다.

마지막 계단을 밟고 정상에 오르는 순간, 서울이 쫙 펼쳐진다. 서울에 사는 사람들도 쉽게 보기 힘든 서울의 온전한 풍경. 서경대부터 도봉산을 거쳐 성북동, 돈암동을 지나 한성대와 낙산공원까지 이르는 드넓은 전경을 눈에 담을 순 있지만 카메라에 담긴 힘들다. 또 가까이에는 온갖 꽃과 나무가 우거지고 멀리 아파트 숲이 빽빽하게 들어선, 꽉 들어찬 원근을 표현할 순 없다. 서울은 다이나믹하다. 하루가 다르게 바뀌는 서울을 따라잡기란 쉽지 않다. 하지만 여기 이곳에선 삼청동의 오래된 한옥부터 저 멀리 건물이 올라가는 공사현장까지 한눈에 볼 수 있다. 카를로스에게 보여주고 싶은, 살아있는 서울이다.

삼청공원은 수줍게 숨어있어서 들어서기 전까지는 그 비밀을 알 수 없다.

말바위 전망대로 오르는 길을 따라 벚꽃이 한창이다.

서울성곽 :

조선 태조가 1394년 한양으로 도읍을 옮긴 뒤 1395년에는 도성 건설을 위해 평지 구간이나
낮은 곳에는 토성을, 험하거나 높은 산악지대에는 석성을 쌓아 완성한 성곽이다. 지금은
18.2km 중에서 산지성곽 10.5km 정도만 남아 있다. 서울성곽길 중 말바위 안내소부터
일부 구간은 군사보호지역으로 신분증이 있어야 통행이 가능하다.(하절기에는 오전
9시~오후 4시, 동절기에는 오전 10시~오후 3시까지 입장 가능)

와룡공원 :

1984년에 문을 연 공원으로 용(龍)이 길게 누운 형상으로 와룡동이라고도 불린다.
삼청공원에서 멀지 않고, 봄에는 벚꽃을 비롯해서 진달래, 개나리 등이 피어 나들이
코스로 좋다.

말바위 전망대 :

북악산에서 서울 시내가 한눈에 내려다보이는 곳으로 서울 우수 조망명소로 선정되었다.
주요 명소로는 서경대–도봉산–성북동–돈암동–개운산–한성대–낙산공원이 보인다.

말바위 :

촛대바위와 더불어 북악산의 대표 바위인 말바위는 조선시대 문무백관이 말을 타고
지나가다 시를 읊고 녹음을 만끽하며 쉬던 자리라 말(馬)바위라고 부른다는 설이 있다.
삼청공원 순환산책로를 통해 갈 수 있으며 40분 정도 걸린다.

2)

사직공원에서 인왕산길 :

둘이서 걷는 오붓한 벚꽃길(종로구 사직동)

writer's tip

맛집 많은 서촌과 가깝고 시내 중심에 있어 데이트 코스로 좋다.
벚꽃구경은 가고 싶은데 붐비는 게 싫다면 여기보다 좋을 순
없다. 근처에 대림미술관과 성곡미술관이 있다.

가는 방법	서울 시내 중심부라 버스, 지하철 등의 대중교통이 편하다. 3호선 경복궁역 1번 출구에서 도보 10분 거리에 있다. 주차시설은 따로 없고 경복궁역 주차장을 이용해야 한다.
규모/소요시간	사직공원부터 인왕산을 끼고 산책로(1.2km)가 길게 이어져있다. 간단히 벚꽃 구경만 해도 되고(30여 분), 인왕산부터 부암동까지 걸어갈 수도 있다.(2시간)
추천시기	벚꽃 피는 4월, 사람 없는 평일 오후나 주말 오전이 제일 좋다.
개화시기	벚꽃 4월 초중순
편의시설	공원 입구에 화장실과 작은 매점이 있다.
경사정도/복장	인왕산 산책로는 산길이라 경사가 조금 있다. 운동화나 단화면 좋다.
주소/문의	서울시 종로구 사직동 1-48, 2148-2861

사직공원 옆으로 들어서면, 벚꽃이 입구부터 끝도 없이 피어있다.

"주말에 벚꽃 보러 어디 가지?" 친구가 묻는다. 사귄 지 1년 좀 안 된 커플이다. 요새 자주 싸운다는 고민 끝에 나온 질문이라 골똘히 생각해본다. "사직동 어때? 사직공원에서 올라가는 길에 벚꽃 많던데? 사람도 많지 않고 오붓할 거 같은데?"

전화를 끊고 나니 제대로 알려준 것인지 걱정이 된다. 마침 그쪽에 갈 일이 있어서 잠시 들러보기로 한다. 사직공원은 서울 한복판에 있다. 시끌벅적한 광화문과 경복궁을 지나 요새 한참 주가를 올리고 있는 서촌과 가깝다. 집에서 사직동까지 가는 606번 버스를 탔다. 버스는 봄이 한창인 이화여대 후문을 지나 사직터널로 들어선다. 잠깐의 어둠을 뚫고 나오면, 한 편의 영화가 시작되듯 그렇게 사직공원과 인왕산이 펼쳐진다.

버스에서 내리자마자 보이는 건 목련이다. 하늘을 향해 꼿꼿이 뻗은 자태가 자부심이 대단해 보인다. 하지만 벚꽃이 우선이라 목련을 뒤로 하고 사직공원으로 향한다. 지하도를 건너 사직공원에 들어선다. 탁 트인 공터가 제일 먼저 손님을 맞고 울창한 나무들도 앞다투어 인사한다. 겨우내 풀죽어있던 모습은 없고 푸르른 잎사귀로 생기가 가득하다. '드디어 봄이구나!' 라고 외치는 것만 같다.

공터 뒤편에 신사임당과 율곡 이이의 동상이 있다. 다정한 모자의 뒤로는 나지막이 종로도서관과 인왕산이 보여 운치가 더하다. 사직공원에서 인왕산은 멀지 않다. 바로 옆에 나 있는 오르막길에서 인왕산 입구까지 걸어서 10분 정도 걸린다. 조금 오르다 보면 삼거리가 나오는데 인왕산과 황학정 가는 길로 갈린다. 여유가 있다면 인왕산부터 시작해서 부암동까지 갈 수도 있지만, 여유가 없다면 황학정 가는 길이 더 낫다. 짧지만 굵게 벚꽃을 감상할 수 있다. 봄에 이곳에 왔다면, 반드시 이 길을 걸어보아야 한다.

벚꽃이 입구부터 끝도 없이 피어있다. 줄지어 선 나무들 사이로 뽀얀 벚꽃잎이 하염없이 손을 흔든다. 온 하늘이 벚꽃으로 출렁인다. 마침, 바람이 불어 흩날리는 벚꽃 비를 흠뻑 맞았다.

벚꽃에 취해 조금 걷다 보니 오르막길에 우두커니 서 있는 낡은 공중전화 박스가 보인다. 평소엔 쓸 일이 없어 거들떠보지도 않지만, 이 길에선 반갑다. 하늘색 전화박스 안에도 벚꽃이 잔뜩 떨어져 있다. 아련하게 옛날 생각이 난다. 황학정까지 오르는 건 금방이다. 벚꽃이 없다면 10분 만에도 오를 수 있는 거리다. 뭔가 아쉬워서 좀더 걸어볼까 생각해보지만, 혼자라 내키지 않는다. 길 자체가 좁고 아담해서 오르는 내내 둘이 걷기 좋겠다는 생각을 했다. 사람도 많지 않아 오붓하게 이야기 나눌 수 있는 그런 길. 다음에는 혼자가 아니라 함께 와야겠다. 때마침 불어오는 바람이 좋다. 흩날리는 벚꽃이 좋다.

황학정 :

궁술 연습을 위한 사정이다. 원래 경희궁에 있었는데 1922년 일제가 경희궁을 헐며 현재
위치로 옮겨졌다. 갑오개혁 이후 궁술이 폐지되자 이를 안타깝게 생각한 고종이 지었으며
자주 방문하여 직접 활쏘기를 즐겼다. 지금도 궁술을 연습하는 곳으로 쓰이며 관련
행사도 계속 이어지고 있다.

단군성전 :

우리나라 시조인 단군을 모신 사당이다. 단군의 영정이
모셔져 있으며 삼국 초대왕들의 신위도 함께 모셔져 있다.
매년 3월과 10월에는 단군왕검의 승천을 기념하는 어천절과
단국의 개국을 기념하는 개천절 대제전이 봉행된다. 사당
주위로 목련과 벚꽃이 가득하다.

고양이 문방구 :

원하는 그림을 고르면 자신만의 문구류를 즉석에서
만들어준다. 엽서, 편지지, 달력 등에다 스탬프를 찍을 수도
있고 노트나 티셔츠, 파우치 등을 취향에 맞게 만들 수 있다.
그밖에도 개성 있는 문구류가 가득하다. 3446-4603

사직단 :

사직공원 바로 옆에 있는 사적이다. 종묘와 함께 조선시대
최고 제례시설 중 한 곳으로, 토지의 신과 곡식의 신께 제사를
지냈던 제단이라고 한다. 임진왜란과 일제의 만행으로
파괴되었다가 1988년 복원되었다. 단정하고 차분한 기운과
함께 위엄이 느껴진다.

3

서대문 안산공원 :

도심 속 숨은 꽃동산(서대문구 연희동)

writer's tip
4월에는 벚꽃길 걷기대회와 벚꽃 음악회, 5월에는 어린이를
위한 행사가 많다. 일정을 확인해보고 가자.

가는 방법	안산공원에 오르는 길은 여러 갈래다. 봉원사나 이대 후문에서 내려 걸어갈 수도 있지만 주로 서대문구청이나 서대문역 아파트단지 옆길로 올라간다. 3호선 홍제역 3번 출구에서 7738, 7739 버스를 타고 서대문구청 앞에서 하차. 공원 입구에 주차장이 있으며 서대문구청, 연북중학교 주변에 주차 가능.
규모/소요시간	296m의 낮은 산이지만 전망이 좋고 약수터가 27개나 있을 정도로 수맥이 풍부하여 등산로가 발달하였다. 최장코스는 경기대학교에서 시작되는 4km 코스로 1시간 30분 정도 걸린다. (경기대학교 뒤편–금화터널–정상–홍제동 고은초등학교)
추천시기	벚꽃 피는 4월에는 평일 오후, 행사 많은 5월에는 주말 오전이 좋다.
개화시기	벚꽃 4월 중순, 튤립 4~5월, 철쭉 5월
편의시설	공원 입구에 안내소 및 화장실이 있다. 따로 매점은 없다.
경사정도/복장	산이라 경사가 있긴 하지만 오르막이 급하지 않고 길이 잘 정돈되어 있어 걷기 좋다. 가볍게 꽃구경이 목적이라면 편한 복장이면 된다.
주소/문의	서울시 서대문구 연희동 봉원동 일대, 330–1960

도심 속 숨은 꽃동산인 안산공원은 가족 나들이 장소로 그만이다.

약속 없는 토요일. 집에 있기에는 너무나 쾌청한 봄날씨다. 그런데 어디에 가야 할지 바로 떠오르지 않는다. 페이스북을 보니 거기에 답이 있다. 서대문 안산공원. 숨은 벚꽃 명소로 유명한 곳이다. 호젓하게 벚꽃구경할 수 있는 곳으로 잘 알려져 있는 곳인데 좀 늦은 감이 있지만, 우선 출발하고 본다. 혹시 아직 벚꽃이 기다리고 있을 거라는 막연한 기대감을 안고. 서대문 안산공원은 생각보다 크다. 오르는 길도 여러 갈래인데, 주로 서대문구청이나 서대문역 아파트단지 옆길로 올라간다. 벚꽃축제가 서대문구청 뒤편의 연희숲속쉼터에서 열렸다고 해서 그리로 방향을 정한다. 화곡동 집에서 서대문구청까지는 차로 약 30분. 라디오에서 흘러나오는 노래에 맞춰 흥얼대다 보니 어느새 서대문구청이다.

　주말과 공휴일은 무료주차라서 주차를 하고 옆길로 공원에 오른다. 길 초입부터 북적이는 소리가 들린다. 공원 입구에 있는 서대문 청소년수련관에서 주최하는 가족행사가 한창이다. 마술 공연부터 비눗방울 놀이, 장난감 만들기, 페이스 페인팅에 솜사탕까지 아이들의 웃음소리가 끊이지 않는다. 바로 옆 연희숲속쉼터로 가려고 안내도를 보니 '벚꽃마당'이 멀지 않다. 하지만 아무리 올려다봐도 벚꽃의 분홍빛이 눈에 띄지 않는다. 땅바닥에 흩어진 벚꽃잎 뿐. 혹시나 싶어 공원에서 김밥을 파는 아주머니께 여쭤보니 이제 철쭉이 많이 필 때이고, 허브원에 가면 튤립이 한창이라고 알려주신다.

　튤립! 귀가 쫑긋해진다. 마침 근처에 안내사무소가 있길래 문의해보니, 바로 아래 위치한 허브원에는 온갖 허브들이 있고 지금은 튤립을 비롯해서 라벤더 같은 허브도 꽃이 피었다고 한다. 허브원은 숲속쉼터에서 시냇물 하나를 건너면 바로다. 물 따라 길 따라 진홍빛 철쭉이 만발해있다. 봄 처녀 같은 철쭉도 예쁘지만, 허브원 가운데 자리 잡은 색색의 튤립이 단번에 시선을 사로잡는다. 강렬한 색감의 꽃봉오리도 인상적이지만, 얇디얇은 줄기를 쭉 뻗어 큼직한 봉오리를 꼿꼿이 받친 모습이 당당하다.

　이토록 도도한 매력이 가득하기 때문일까? 17세기 네덜란드에서는 튤립의 인기가 유행을 넘어 투기로까지 이어졌고, 튤립 한 뿌리가 고급주택 한 채 가격이었다고 한다. 하지만 순식간에 거품이 꺼지고 가격이 수천분의 일로 폭락하여 파산자가 속출하는, 이른바 '튤립공황'이 일어났다고 한다. 그 인기를 짐작해 볼 수 있다. 튤립은 네덜란드의 국화이기도 하다. 허브원에는 아름다움을 자랑하는 꽃들이 많다. 로즈 제라늄, 프렌치 라벤

더, 가물레피시스, 헬리오트로프 등의 허브들도 각기 개성 강한 꽃들을 피어 올렸다. 아이들은 크고 예쁜 튤립을 제일 좋아하겠지만, 어른들은 다르다. 특히 프렌치 라벤더는 매혹적인 보랏빛 꽃뿐만 아니라 그 특유의 향기로 인기 만점이었다. 선글라스에 등산복까지 맵시입게 차려입은 멋쟁이 아주머니 3인방은 '코를 정화해야 한다'면서 라벤더에 코를 대고 엎드려서는 한참을 여고생처럼 웃었다.

　오후 2시가 지나자 점심 먹고 산책 나온 가족들로 가득하다. 공원은 홍제천과도 이어져 있다. 그쪽에서 올라오는 사람들도 많다. 또 근처에는 서대문 자연사박물관과 자연학습장이 있어 가족 나들이 장소로 그만이다. 안산공원에서 내려가는 길, 곳곳에서 아이들의 웃음소리가 들린다. 저렇게 해맑게 웃어본 적이 언제인가 싶다.

홍제천 :

홍제천은 북한산에서 발원해 종로구, 서대문구, 마포구를 흐르다가 한강 하류로
흘러드는 하천이다. 이 하천 연안에 중국의 사신이나 관리가 묵어가던 홍제원(弘濟院)이
있어 이러한 이름이 붙여졌다. 하천 본류에 모래가 많이 쌓여 물이 늘 모래 밑으로
스며들었다 해서 '모래내'나 '사천(沙川)'으로 불리기도 했다. 복원사업을 통해 자연하천 및
생태공원으로 변모한 곳.

서대문 자연사박물관 :

우리나라 최초로 공공기관이 직접 계획하고 만든 자연사박물관. 입장료가 어린이
1,000원, 어른 3,000원으로 저렴하다. 자연사에 대해 쉽게 이해할 수 있도록 시간적,
공간적 순서에 따라 전시되어 있다. 중앙홀 한가운데 서있는 공룡과 익룡, 물고기의 뼈
구조물이 인상적이다.

자연학습장 :

안산 자연학습장은 어린이들에게 자연 체험의 기회를 제공하려는 취지에서 만들어졌다.
산과 들에서 볼 수 있는 야생화와 풀, 향토작물 및 유실수 등을 심었을 뿐만 아니라
생태연못, 토끼장 등이 교육의 장으로 활용되고 있다. 유치원생이나 초등학생을 위해
자연생태 체험교실을 운영 중이다.

4

관악산 둘레길 :
산과 만나는 길, 아버지와 만나는 길(관악구 대학동)

writer's tip
둘레길 지도를 휴대폰에 저장하자. 몇몇 갈림길은 팻말이
없어 헷갈릴 수 있다. 둘레길에 오르기 전에 막걸리를
준비하면 운치를 한결 더 즐길 수 있다.

가는 방법	관악산 둘레길은 구간별로 출발지가 다르다. 사당역, 서울대입구, 국제산장 아파트, 신림 근린공원 근처에서 시작된다. 1구간 사당역→서울대입구 기준으로 하면 지하철 2/4호선 사당역 6번 출구에서 도보 10분. 주차는 사당역 공영주차장(1번 또는 13번 출구)을 이용
규모/소요시간	둘레길 1구간은 5.2 / 6.2km(사당역–서울대 입구), 2구간은 4.7km(서울대 입구–국제산장 아파트), 3구간은 4.1km(국제산장 아파트–신림근린공원)로 평균 2시간 정도 걸린다.
추천시기	철쭉제가 열리는 5월. 둘레길은 주말도 붐비지 않아서 좋다.
개화시기	라일락 4~5월, 철쭉 5월
편의시설	편의시설은 찾기 어렵다. 오르기 전에 화장실은 반드시 들르자.
경사정도/복장	둘레길이라 경사가 심하진 않아도 가파른 구간이 종종 있다. 가벼운 옷차림에 등산화나 트레킹화라면 좋다.
주소/문의	서울시 관악구 대학동 일대, 880-3692

둘레길은 정상을 오르는 등산길이 아닌 산 속을 걷는 산행길이다.

어린이날이다. 모처럼 부자가 함께 집에 있는 휴일, 평화롭다 못해 심심하기까지 하다. 오전 내내 텔레비전만 보시던 아버지가 묻는다. "아들, 산에 갈래?" 정중하게 거절한다. "아니, 쉴래요." 잠시 정적이 흐른다. 아버지가 다시 권하신다. "가자! 이렇게 날씨가 좋은데! 관악산 어때? 관악산 둘레길은 사람 별로 없어. 높지도 않아서 걷기도 좋고. 가자!"

그렇게 어린이날을 맞아 우리 부자는 둘레길 산행을 나선다. 관악산 둘레길은 그 이름대로 관악산을 둘러싼 평탄한 숲길이다. 총 3개 구간으로 이루어져 있으며 거리는 15km에 달한다. 사당역에서 서울대 입구까지 1구간(5.2/6.2km)과 서울대 입구부터 국제산장 아파트까지 2구간(4.7km), 국제산장 아파트부터 신림 근린공원까지 3구간(4.1km)으로 나뉜다. 구간별로 소요시간은 조금씩 차이가 나지만 대략 2시간 정도. 아버지와 나는 집에서 가까운 코스인 1구간에 가기로 하고 출발지인 사당역으로 향했다. 사당역에 도착하니 12시가 지난 시간인데도 등산객들이 많다. 아버지는 편의점에 들려 막걸리 한 통을 사신다. 밥과 반찬까지 직접 준비하신 아버지의 발걸음이 가볍다.

사당역 6번 출구에서 10분 정도 걸으니 미당 서정주의 집을 지나 관악 까치자연길(까치산 생태육교)이 멀리 보인다. 본격적인 1구간의 시작이다. 큰길에서 벗어나 길가로 들어서니 산으로 올라가는 계단이 생각보다 가파르다. 아버지는 성큼성큼 쉽게 올라가신다.

생각보다 가파른 구간은 길지 않다. 초입의 오르는 계단만 경사가 있을 뿐, 그다음부턴 걷기 수월하다. 마침 철쭉이 제철이라 하얗고 붉은 꽃이 오늘의 산행을 응원한다. 올림픽에서 마라톤 주자를 사람들이 응원하듯, 둘레길 곳곳마다 철쭉이 화사하게 우리를 반긴다. '관악산 철쭉제'가 다음 주인데 철쭉은 벌써 만발했다. 둘레길은 관악산을 오르는 등산로를 둘레둘레 거쳐서 간다. 그래서 산을 오르는 사람들과 자연스레 만나게 된다. 길 자체는 어찌 보면 심심하고 지루하기도 하다. 정상에 오르지 않고 산기슭과 중턱을 오르내린다. 사람이 없고 한적한 이유가 여기에 있다. 산을 좋아하는 이들은 모두가 정상을 기대한다. 하지만 둘레길은 정상을 오르는 등산(登山)길이 아닌, 산속을 걷는 산행(山行)길이다. 그래서 혼자 생각하기도 좋고, 이야기 나누기도 좋다. 잔잔한 클래식 음악처럼 생각에 집중하기 좋은 길이다.

아버지와 나는 둘레길의 한적함을 배경으로 이야기를 나누기 시작한다. 어린이날의 추억부터 사춘기 시절 말썽 피우던 이야기, 그리고 요즘 부모님의 고민과 나의 고민까지. 걷는 내내 이야기가 오가고 우거진 숲이 어색함을 달래준다.

한 시간 정도를 걷다 마침 널찍한 헬리콥터장이 나타나서 거기에 자리를 잡는다. 우리 말고는 아무도 없다. 연둣빛 잔디밭에 도시락을 늘어놓았다. 아버지는 막걸리가 먼저다. 사이좋게 건배를 하고 우윳빛 막걸리를 시원하게 들이킨다. 한 번에 잔을 비운다.

점심을 먹고 돌아오는 길, 서울대 입구로 향했는데 내려와 보니 관악구청이다. 갈림길에 팻말이 없어 길을 잃은 것이다. 이렇게 갈림길에 안내판이나 팻말이 없거나 둘레길을 표시하는 리본이 없는 구간도 적지는 않다.

하지만 걱정할 필요 없다. 관악산 둘레길은 산을 오르는 모든 길과 만나는 길이니. 잘못 들어선 길이 오히려 정상으로 향하는 길일지도 모른다. 탁 트인 전망을 보여주는 길일지도 모른다. 어쨌든 길인만큼 걷다보면 어딘가에는 닿을 것이다. 둘레길을 걸어 아버지와 닿았던 오늘의 나처럼 말이다.

서울시립 남서울미술관 :
서울시립미술관의 남서울분관으로, 옛 벨기에 영사관 건물을 개조하여
2004년 개관하였다. 기획전시 위주로 운영하며 어린이 미술교실과 방학미술특강 등
미술교육강좌가 있다. 관람료는 무료이며 월요일은 휴관이다.
사당역 6번 출구에서 1분 거리. 2124-8800

관악까치자연길(까치산 생태육교) :

남부순환도로로 단절된 관악산과 까치산 근린공원의 녹지를
연결하는 폭 15m, 길이 30m의 생물이동통로로 야생동식물의
서식공간을 제공하고 시민들의 자연체험기회를 증진시키기
위해 조성되었다. 올라가보면 육교라는 사실을 잊을 정도로
자연스럽다.

낙성대 :

고려 강감찬 장군이 태어난 곳. 장군이 태어날 때 이곳에 별이
떨어졌다고 해서 낙성대라는 이름을 얻었다. 지금의 낙성대는
서울시에서 1973년부터 2년에 걸쳐 장군을 기리기 위해 사당
안국사(安國祠)를 지은 것으로 사당 안에는 영정이 모셔져
있다.

낙성대공원 :

강감찬 장군의 기마청동상이 있으며 울창한 숲을 이루고
있다. 가을에는 단풍으로 곱게 물들어 풍광이 뛰어나다.
분수시설을 갖춘 연못과 야외놀이마당, 야외예식장도 있다.
2호선 낙성대역 4번 출구에서 서울대입구 쪽으로 약 600m
거리에 있다.

5)

간송미술관에서 길상사 :

고즈넉한 정취를 따라 걷는 성북동 옛길(성북구 성북동)

writer's tip
성북동에서는 보물찾기하는 기분으로 맛집을 찾아보는 것도
큰 재미다. 성북동에 핫플레이스들이 점점 늘어나고 있다.

가는 방법	한성대입구역 6번 출구에서 길상사로 가는 무료 셔틀버스를 이용하는 방법이 제일 간편하다. 4호선 한성대입구역 6번 출구 도보 15분.
규모/소요시간	한성대입구역부터 간송미술관을 거쳐 길상사까지는 2km 남짓. 하지만 둘러볼 곳이 많으므로 시간을 여유있게 계획하자. 최소 반나절 코스!
추천시기	간송미술관이 개장하고, 길상사에 연등이 달리는 5월이 봄나들이하기 제격이다. 단 주말 오후만은 피하자. 미술관 줄이 어마어마하다.
개화시기	라일락 4~5월, 철쭉 5월
편의시설	간송미술관은 야외에 임시화장실을 이용해야 해서 불편할 수 있다. 길상사는 입구 오른쪽에 깨끗하고 넓은 화장실이 있다.
경사정도/복장	간송미술관까지는 평지이지만, 길상사 가는 길은 언덕이라 좀 가파르다. 마을버스나 셔틀버스를 이용하면 좋다.
주소/문의	간송미술관 : 서울시 성북구 성북동 97-1, 762-0442 길상사 : 서울시 성북구 성북2동 323, 3672-5945

성북동 길상사에 걸린 오색연등이 5월의 밤을 밝힌다.

일 년에 두 번 일반에 공개되는 간송미술관 입구.

5월, 간송미술관 개장 소식이 들려왔다. 그렇다면 바로 지금이 성북동에 가야 하는 시기다. 일 년에 딱 두 번만 공개하는 간송미술관 전시와 석가탄신일을 맞아 불을 밝힌 길상사 연등 행렬을 동시에 경험할 수 있는 절호의 기회이기 때문이다. 언제나 걷기 좋은 성북동이지만, 이때만큼 구경하기 좋은 계절도 없을 것이다.

봄과 가을, 정확히는 5월과 10월에 공개되는 간송미술관은 한국 최초의 사립박물관이다. 간송 전형필 선생이 수집한 미술품을 바탕으로 세워진 곳으로 신윤복의 미인도를 비롯하여 김홍도, 겸재 정선의 그림과 정조, 추사 김정희, 한석봉의 글씨 등을 소장하고 있다. 이런 당대 최고의 서화를 감상하기 위해서는 인내심이 필요하다. 15일간의 한정된 전시기간엔 언

제나 긴 줄이 이어진다. 작년에 일요일에 갔다가 끝이 보이지 않는 긴 줄에
포기했던지라, 올해는 평일에 성북동을 찾았다.

한성대입구역에서 내려 6번 출구로 나오면 탁 트인 느낌이 시원하다. 눈
에 띄게 낮아진 건물들 덕분이다. 여기에 화사함이 더해진다. 작은 집들 사
이로 시원하게 뻗은 길에는 근처 농원에서 꺼내놓은 꽃들이 가득하다. 팬
지며 나팔꽃, 라벤더 같은 색색깔의 꽃들이 곱기도 하다. 레드카펫보다 더
어여쁜 플라워카페트가 봄의 성북동을 장식한다.

이렇게 10여 분을 올라가면 간송미술관으로 접어드는 골목이 나온다.
전시관 내부는 참 수수하다. 조명이 소박하고 설명도 자세하진 않다. 하지
만 전시된 그림은 그야말로 하나같이 당대를 대표하는 그림들이다. 마침

내 앞에서 한 미술대학 교수님이 제자들에게 설명하고 있는 것을 따라 듣게 되었다. 호사스런 눈 호강에 운 좋게 귀동냥까지 하고 나니 미술관을 나서는 마음이 뿌듯하다.

이제 길상사로 가야 하는데, 시간이 좀 이르다. 불을 밝힌 연등을 보기 위해서는 점등시간인 7시 반에 맞춰가야 한다. 근처를 돌아다니다 소설가 이태준의 집이었던 수연산방에서 차를 한 잔 마셨다. 창문 밖으로 어느덧 해가 뉘엿해졌다. 부푼 마음을 안고 발걸음을 길상사로 옮긴다. 북한산 남쪽 자락에 자리잡은 길상사는 원래 3대 요정 중의 하나로 꼽히던 대원각이었다. 대원각 주인이자 시인 백석의 연인이었던 김영한이 법정 스님의 《무소유》에 크게 감명을 받고 대원각을 시주하여 지금의 길상사라는 사찰로 바뀌게 되었다. 성북동 언덕의 으리으리한 대저택들 사이에 길상사가 있는 까닭이기도 하다.

언덕길을 15분 넘게 올라 도착하니, 사찰 입구부터 하늘을 빼곡하게 메운 연등 행렬이 말 그대로 장관이다. 석가탄신일이 얼마 남지 않아 연등을 달러 온 신자도 많고, 그 연등을 구경하러 온 사람들도 많다. 오색연등은 살아있는 자의 복을, 흰색연등은 망자의 명복을 비는 것이다. 아직 해가 남아있어서 연등이 켜지기 전에 길상사를 한 바퀴 둘러본다. 걸으면 걸을수록 산속 깊숙한 곳의 사찰 같다. 날로 짙어지는 신록이 더해져서인지 정원처럼 느껴진다. 곳곳에 고개를 내민 꽃들이 어여뻐 그냥 지나치기 아쉬울 정도이다. 큼지막한 모란도 가끔 눈에 띄는데 그 화려한 모양새가 길상사와 묘하게 조화를 이룬다. 정갈한 분위기에서 화려함이 더욱 도드라진다.

　　이윽고 점등시간이 되어 연등이 하나둘씩 어둠을 밝힌다. 사람들의 입에서 하나같이 환호성이 터져 나온다. 아름답고 황홀한 풍경에 모두들 말을 잃는다. 고민도 잊고 시름도 잊는다. 5월의 밤마다 벌어지는 힐링의 풍경. 그렇게 성북동의 밤은 깊어간다.

간송미술관 :
1938년, 간송 전형필이 설립한 한국 최초의 근대식 사립박물관. 종로의 거부였던 전응기의
상속자였던 전형필은 우리나라의 주요 미술품들과 국학자료들이 제대로 보관되지 못하는
것을 안타까워 했고, 이 때문에 일생 동안 주요 유물들을 수집, 관리, 전시하는 일에
몰두했다. 매년 봄·가을 2회에 걸쳐, 일반인들에게 개방하고 있다. 관람료는 무료.

길상사 :

삼청각, 청운각과 함께 우리나라 3대 요정으로 꼽혔던 대원각의 주인인 김영한이 법정
스님의 무소유 철학에 감화를 받아 시주하면서 아름다운 사찰로 거듭나게 되었다.
사찰이라는 느낌보다는 잘 꾸며 놓은 정원의 느낌이 더 강하다.

최순우 옛집 :

전 국립박물관장이자 미술사학자였던 해곡 최순우(1916~1984년) 선생이 살았던
옛집이다. 2002년 주변의 재개발로 사라질 위기에 처하자, 시민운동단체인
한국내셔널트러스트가 매입 후 복원하였다. 조선시대 말기 가옥인 이곳은 화려함보다는
담백한 아름다움으로 부드러운 한국의 미를 제대로 느낄 수 있는 곳이다.

수연산방 :

소설가 이태준이 1933년부터 1946년까지 머물면서 작품을 집필한 곳이다. 성북동의
대표적인 명소로 서울시민속자료 제11호이기도 하다. 현재는 이태준 선생의 외종손녀가
전통찻집을 운영하고 있다. 해질 무렵 노을을 보며 차 한잔을 마셔보자. 764-1736

청계천 수표다리길 :

5월에 눈 내리는 길(종로구 창신동)

writer's tip
모전교와 광교 아래에는 넓은 그늘이 조성되어 있어서
쉬어가는 사람들로 가득하다. 모전교에는 외국관광객이
많고 광교에는 커플이 많다.

가는 방법	청계천은 서울 도심 한가운데를 흐르기 때문에 대중교통을 이용하면 어디에서나 쉽게 갈 수 있다. 2호선 을지로입구역 2, 3번 출구 도보 10분, 5호선 광화문역 5번 출구 도보 3분, 1호선 종각역 5번 출구에서 도보 3분, 1호선 시청역 4번 출구 도보 5분.
규모/소요시간	청계광장부터 수표교까지가 가장 호젓한 구간으로, 약 1km에 이른다. 빠른 걸음이면 20분에 걸을 수 있겠지만 시원한 물줄기를 따라 천천히 걸음을 옮겨보자.
추천시기	햇볕이 내리쬐는 한낮을 피하자. 평일 저녁에도 더위를 피해 청계천을 찾은 시민들로 활기차다.
개화시기	이팝나무꽃 5월 중순, 토끼풀 꽃 5월 중순
편의시설	청계천에는 화장실이 따로 마련되어 있지 않다. 주변 지하철역이나 서점, 카페 등의 시설을 이용하면 된다.
경사정도/복장	중간중간 앉아서 쉴 수 있는 공간도 있어서 부담없이 걷기 좋다. 길이 잘 정비되어 있어 산책하기 편안하다.
주소/문의	서울시 종로구 창신동 일대, 2290-6114

5월의 청계천엔 하얀 눈꽃이 잔뜩 쌓인다. 바로 이팝나무 꽃이다.

　시작은 어느 식사 자리에서였다. 5월인데 벌써 날이 더워졌다는 둥, 이제 우리나라의 5월은 여름이라는 둥 하는 이야기 끝에 누군가가 불씨를 던졌다. "근데 그거 봤어? 꽃인 것 같은데 하얗게 나무마다 피어있더라구? 눈 쌓인 것처럼 예쁘던데 뭔지 알아?" "어! 나 그거 봤어! 진짜 그거 무슨 꽃이야?" 그때부터 각자 머리를 맞대고 궁리해봤지만, 결론은 아무도 모른다는 것이었다. 이대로 사건은 미제로 남을 뻔했지만 알아보니 바로 그게 이팝나무 꽃이었다.

　'이팝나무'라는 이름의 유래는 늦봄에 꽃이 피면, 멀리서 바라본 모습이 이파리 위에 하얀 쌀밥을 소복하게 얹은 것 같다고 해서 '이밥나무'라고 부르다가 '이밥'이 '이팝'으로 변했다는 설이 있다. 이팝나무의 학명도 치오

난투스 레투사(Chionanthus retusa)인데, 여기서 치오난투스는 '흰 눈'이라는 뜻의 '치온(Chion)'과 '꽃'이라는 뜻의 '안토스(Anthos)'의 합성어로, 하얀 눈꽃이라는 의미라고 한다. 그 이름처럼 이팝나무 꽃은 하얀 쌀밥 같기도 하고, 눈송이 같기도 하다. 만약 여름에 눈이 내리면 딱 그렇게 쌓일 것 같다. 또 꽃이 풍성하게 핀 해에는 풍년이 든다는 속설을 지니고 있기도 하다.

이팝나무는 중남부 지방에서 자생하는데, 서울 시내에서 볼 수 있는 곳이 있다. 바로 청계천이다. 청계천을 복원하며 가로수로 1,500여 그루를 심었다고 한다. 사실 그전까지는 무슨 나무인지도 모르고 청계천을 지나쳤을 테지만, 5월이 되고 나무마다 하얀 꽃이 피면 사람들은 그제야 깨닫게 된다. '아, 이게 보통 가로수가 아니구나. 도대체 무슨 꽃이지?' 하고 말이다. 인터넷에 이팝나무에 대해 궁금해하는 글이 5월이면 많은 까닭이다.

때마침 광화문 근처에 볼일이 있던 참에 이팝나무가 생각나서 청계천으로 향했다. 아니나다를까 청계천에 들어서자마자 쭉 늘어선 나무들에 하얀 눈꽃이 잔뜩 쌓였다. 백열전구 수십 개를 달아놓은 것 마냥 살아있는 꽃 조명을 줄줄이 매단 이팝나무 덕에 산책 나온 회사원들의 표정까지 화사해진다. 5월의 더위를 피해 청계천으로 모인 사람들도 생각지도 못한 꽃구경에 횡재한 기분인가 보다. 무슨 꽃이냐며 웃고 떠드는 모습에 얼마 전 일이 생각나서 웃음이 났다. 이팝나무의 정체를 묻는 글이 또 인터넷에 올라오리라.

청계광장부터 수표교까지 1km 남짓, 눈꽃의 행렬은 계속된다. 높게 떠오른 태양이 무색할 만큼 산뜻한 산책길은 이팝나무 때문이기도 하고, 시원한 물줄기 덕분이기도 하다. 한낮의 태양이 뜨거운 계절이지만 청계천

이팝나무길에는 하얀 눈꽃이 있어 여유롭다. 외국인 관광객들의 단체사진 촬영도 재밌고, 곳곳에 숨어 닭살스러움을 연출하는 커플들도 못 본 척 웃어넘기게 된다. 5월의 청계천은 그냥 걷기만 해도 충분히 즐거운, 도심 속 낭만산책길이다.

광화문광장 :
광화문에서 청계광장으로 이어지는 세종로 중앙에 조성된 광장이다. 원래 이순신 장군 동상만 있었는데, 2009년 10월 9일 한글날을 맞아 세종대왕 동상이 설치되었다. 광장 양쪽에는 '역사물길'을 조성하여 주요 역사를 각인한 돌판을 깔아놓았다. 광화문역과 연결되어 있고 여름이면 이순신 장군 동상 앞에서 분수가 나와 아이들에게 인기가 좋다.

보신각 :

보신각은 서울을 상징하는 대표적인 전통 한옥 누각이다. 보신각종을 걸어 놓기 위해 만든 것으로 정면 5칸, 측면 4칸의 구조로 되어 있다. 조선시대 도성문을 여닫는 시간과 화재와 같은 위급한 상황을 알리는 곳이었으며, 원래는 종루 혹은 종각이라고 불렀는데 고종 때 다시 지으면서 이름을 보신각으로 바꾸었다. 매년 12월 31일 밤 12시가 되면 보신각종을 33번 치는 제야의 종 타종행사가 열리며 이때마다 수많은 인파가 보신각 앞에 모이는 것으로 유명하다.

영풍문고 :

영풍문고 종로점은 청계천에서 가장 가까운 대형서점이다. 수많은 책과 함께 디자인문구나 디자인소품 등도 다양하게 갖춰져 있다. 더위를 식히거나 시간이 남을 때 들리기 가장 좋은 곳 중 하나다. 399-5600

일민미술관 :

동아일보 옛 사옥에 있는 미술관이다. 전 동아일보 명예회장 김상만을 기리기 위하여 설립되었으며 일민문화재단에서 운영하고 있다. 1층에 있는 cafe imA는 함박스테이크와 와플이 인기가 좋으며 데이트 명소로도 유명하다. 2020-2050

7)

서울숲 :

하이드파크가 부럽지 않은 서울의 숲(성동구 성수동)

가는 방법	지하철, 버스 등의 대중교통뿐만 아니라 자전거를 이용해서도 쉽게 갈 수 있다. 분당선 서울숲역 3번 출구 도보 5분, 2호선 뚝섬역 8번 출구 도보 15분. 한강둔치와 중랑천 둔치를 이용 서울숲 지하터널로 접근 가능. 서울숲 주차장 170여 대 가능(무인정산시스템)
규모/소요시간	뚝섬 일대 35만 평 규모로 조성된 생태공원이다. 친환경적 요소를 강조하여 공원 전체에 걸쳐 나무 100여 종 41만 그루를 옮겨 심었다. 시민들의 의견을 반영하여 여러 계층이 다양하게 즐길 수 있도록 총 5개의 테마로 이루어져 있다.
추천시기	공원이 아주 넓어서 주말에도 붐비지 않는다. 화창한 5월, 주말 나들이에 제격이다. 메타세쿼이아를 비롯해서 울창한 나무 덕분에 여름에도 걷기 좋다.
개화시기	벚꽃 4월, 사과꽃 4월, 튤립 5월, 철쭉 5월.
편의시설	곳곳에 화장실이 있어 편리하다. 입구와 곤충식물원에 편의점이 있으며 가족마당 연못 옆에는 편의점 및 휴게음식점이 있다.
주소/문의	서울시 성동구 성수동 1가 685, 460-2905

넓고 탁 트인 서울숲에 들어서면 대도시의 한복판이라는 사실을 잊게 된다.

짧은 런던 생활에서 가장 좋았던 건 공원이었다. 가장 유명한 하이드파크를 비롯해서 크고 작은 공원들이 시내 곳곳마다 어찌나 많은지. 시간이 비거나, 마땅히 갈 곳이 없으면 런던 사람들은 무조건 공원으로 간다. 날씨라도 좋은 날엔 여기저기 아무데나 누워 일광욕하기 바쁘다. 물가 비싼 런던에서 내가 돈 없이 힐링하는 방법이었다.

한국에 와서도 자꾸 하이드파크, 리젠트파크 타령을 하며 런던을 그리워하자 동생이 한마디 던진다. "오빠, 서울숲 가 봤어? 진짜 괜찮아." "뭐 들어는 봤는데 설마 하이드파크만 하겠어?" "한번 가 보고나 말하시지, 깜짝 놀랄 거야." 서울숲은 뚝섬을 재개발하여 런던 하이드파크, 뉴욕 센트럴파크 같은 대규모 도시 숲으로 만든 곳이다. 마침 튤립도 만개했다고 해서 서울숲으로 달려갔다.

서울에 이렇게 멋진 공원이 있을 줄이야. 35만 평 규모를 자랑하는 서울숲은 2005년도에 개장했고 서울 중심부에서 약간 동쪽, 한강 뚝섬 근처에 있다. 서울숲에 가려면 지하철이 가장 편리하다. 분당선 서울숲역에서 내리면 정말 가깝다. 출구에서 나오면 횡단보도 건너편에 큼지막한 '서울숲' 글자가 방문객을 반긴다. 5월에는 그 옆으로 줄지어 핀 새하얀 철쭉도 함께 볼 수 있다. 처음 왔다면 글자 쪽으로 건너가는 대신 2~3분 더 걸어 오른편에 위치한 방문자센터에 들르는 편이 좋다. 공원이 워낙 크고 넓은 만큼 안내도나 팜플렛을 얻어 동선을 정하고 이동하자.

서울숲은 크게 다섯 개의 테마로 이루어져 있다. 문화예술공원, 생태숲, 체험학습원, 습지생태원, 한강수변공원이다. 서울숲 '초보자'들은 혼

란스러울 수도 있겠다. 각 테마마다 가봐야 할 곳도 많고, 또 모두 매력적인 곳들이니 말이다. 그렇다면 공원 측에서 추천한 방문객 유형별 코스(가족 / 어린이 / 연인코스)를 참고하면 도움이 될 것이다.

　모든 테마가 알차게 꾸려져 있지만, 나는 살아있는 동식물을 직접 체험할 수 있는 체험학습원과 생태숲이 가장 마음에 들었다. 공원 입구를 기준으로 왼쪽 중앙에 있는 체험학습원에서는 형형색색의 꽃과 허브, 덩굴이 어우러진 갤러리정원을 제일 먼저 만날 수 있다. 가장 눈에 띄는 것은 아담한 팬지다. 노란 나비가 날아오르듯 펄럭이는 조그만 꽃잎들이 참 귀엽다. 봄 냄새가 뭉게뭉게 피어오른다. 곤충식물원과 나비정원에도 여러 종류의 꽃과 식물이 있다. 나비가 태어나는 모습부터 꽃에 앉아 꿀을 빠는 모습까지 볼 수 있어서 아이들로 항상 붐비는 곳이기도 하다. 아! 근처의 작은 동물의 집도 토끼와 기니피그가 있어 인기가 좋다.

　생태숲은 체험학습장에서 중랑천 방향으로 5분 정도 걸어가면 되는데 사슴, 고라니, 다람쥐 등의 야생동물들이 마음껏 뛰노는 모습을 가까이에서 볼 수 있다. 또 사슴방사장 입구 자판기에서 직접 사료를 사서 꽃사슴에게 줄 수도 있다. 재밌는 건, 힘이 센 수사슴이 텃세를 부리고 먹이를 독점하기도 한다는 것이다. 텃세에 밀려 멀리서 바라보기만 하는 어린 사슴이 안쓰러웠다. 좀 걷다 쉬고 싶다면, 공원 중앙의 가족마당 근처 널찍한 잔디밭으로 가보자. 울창한 나무숲이 그늘을 만들어 주어서 참 좋다. 한여름에는 바닥에서 물줄기가 솟는 바닥분수 근처도 인기 만점이다.

　꽃구경을 더 하고 싶다면 입구의 군마상을 찾아보자. 봄의 하이라이트

드넓은 공간 서울숲을 자전거로 돌아보면 도심에서 느끼기 어려운
시원함을 즐길 수 있다.

나무 그늘에서 봄의 여유를 만끽하는 대학생들. 즐거우니까 청춘이다.

는 바로 이곳이다. 군마상 앞 화단을 연병장 삼아 튤립이 활짝 피어있다. 튤립은 원색 그대로를 담은 꽃이다. 화려하기보단 순진무구하다는 느낌이랄까? 빨강이면 빨강, 노랑이면 노랑이라고 솔직하게 표현하는 튤립의 순박함이 마음에 든다. 서울숲은 워낙 넓고 탁 트인 공간이라 여기가 복잡한 대도시의 한복판이라는 사실을 잊게 한다. 하이드파크나 센트럴파크처럼 서울 사람들이 아끼는 공간으로 더 채워진다면 참 좋겠다.

꽃사슴 방사장 :
생태숲에서는 사슴, 고라니, 다람쥐 등의 야생동물이
마음껏 뛰노는 모습을 볼 수 있다. 또한 생태숲 내
꽃사슴방사장에서는 방문객이 먹이를 구입하여 직접 줄 수
있다.

곤충식물원 :

유리로 만들어진 곤충식물원은 테마식물원, 표본전시실, 나비생태관으로 이루어져 있다. 평소에 보기 어려운 열대 식물과 100여 종의 다양한 나비와 곤충들을 볼 수 있어 인기가 많다.

작은 동물의 집 :

곤충식물원에서 나와 꽃사슴방사장 쪽으로 가는 길 중간에 있다. 토끼, 기니피그 등의 작고 귀여운 동물이 있어 아이들이 좋아하는 장소이다. 잠시 앉아 쉴 수 있는 정자도 있으니 아이와 함께 방문해보자.

서울승마훈련원 :

서울 내에 있는 유일한 승마장이다. 해가 지기 전에 찾아가면 말이 훈련하고 있는 모습을 볼 수 있다.(하절기 오후 5시, 동절기 오후 4시까지) 또한 원한다면 비용을 지불하고 직접 말을 타볼 수도 있다고 한다.

8)

서래섬 :

유채꽃이 만드는 포토제닉 아일랜드(서초구 반포동)

writer's tip
5월 한낮의 햇볕은 생각보다 강하다. 유채꽃이 있는 섬 중앙에는
그늘이 없으니 양산이나 선크림을 준비하도록 하자. 한강을
배경으로 찍어야 더 좋은 사진을 찍을 수 있다.

가는 방법	동작대교와 반포대교 사이에 있는 반포한강공원과 연결되어 있다. 반포대교에서 조금 더 가깝다. 지하철이나 버스를 타면 10분 정도 걸어야 한다. 4호선 동작역 1번 출구 도보 15분, 9호선 신반포역 1번 출구 도보 10분. 반포한강공원 주차장에 800여 대 주차 가능하며 일요일 및 공휴일은 무료. 한강공원까지는 이용 가능하나 서래섬은 자전거 입장 제한.
규모/소요시간	7500평 규모의 인공섬으로 거리가 왕복 1km 정도 된다. 천천히 걸으면 30분 정도 걸린다.
추천시기	유채꽃 피는 5월엔 언제든지 좋으나 주말 오후에는 사람이 다소 많다.
개화시기	유채꽃 5월, 메밀꽃 8~9월.
편의시설	서래섬에는 편의시설이 없다. 근처 반포한강공원의 화장실과 매점 등의 편의시설을 이용하자.
경사정도/복장	섬 전체가 완만한 들판이라 걷기 편하다. 편한 옷도 좋지만 사진 촬영을 위해서 멋을 내도 좋겠다.
주소/문의	서울시 서초구 반포동 서래섬, 3780-0541

노란 유채꽃이 서래섬을 메우면, 평범한 일상도 낭만이 된다.

봄은 노란색이다. 무채색 겨울이 가고 노란색 개나리가 피면 봄은 시작
된다. 시작은 개나리지만, 화사함의 절정을 느낄 수 있는 것은 유채꽃이다.
들판 전체를 덮는 노란 꽃의 향연은 그야말로 황홀하다. 그래서 뉴스에서
는 매년 제주도 유채꽃 풍경으로 본격적인 봄을 알린다. 텔레비전으로만
보기 아까울 정도로 멋지지만, 문제는 제주도가 그리 가깝지 않다는 것이
다. 우동 먹으러 일본 다녀왔다는 농담처럼 유채꽃 보러 훌쩍 제주에 다녀
올 수도 있겠지만, 시간과 비용이 만만치 않다. 그럴 때, 너무 고민하지 말
자. 고개를 돌리면, 서래섬이 있다.

서래섬은 반포한강공원에 있는 섬이다. 1986년에 만들어진 인공섬이
며, 반포대교와 동작대교 사이에 있다. 물길을 따라 수양버들이 드리워져

있고 봄에는 유채꽃, 여름에는 메밀, 가을에는 갈대를 볼 수 있는 명소다. 이 부근은 물 흐름이 느리고 수온이 높아 붕어, 잉어가 많아서 강태공들에게도 인기가 많다. 물론, 유채꽃으로 가장 유명하다. 매년 5월 중순에는 유채꽃 축제가 열리기도 한다.

올해도 5월이 되자 어김없이 유채꽃 소식이 들려왔다. 마침 서래마을에서 저녁 약속이 생겨 서래섬에 들러보기로 했다. 9호선 신반포역에서 서래섬이 있는 반포한강공원까지는 도보로 십여 분. 아파트 단지 사잇길을 성실히 걷다 보면 푸른 한강이 보이고, 한강을 마주 보고 고개를 왼쪽으로 돌리면 탄성이 흘러나온다. 누가 서래섬에만 뿌려놨는지 온통 노란빛이다. 들판 가득 메운 유채꽃의 물결이 바람에 뭉게뭉게 흔들거리면 한 장의 낭만적인 풍경화가 펼쳐진다. 초록색 밑바탕 그림에 샛노란 물감으로 콕콕 찍어 마무리한 5월의 화사한 풍경.

유채꽃은 보기도 좋지만 먹기도 좋은 꽃이다. 유채(油菜)라는 이름에서 알 수 있듯이 종자에서 난 유채기름은 채종유 또는 카놀라유라고도 불리는데, 식용유로 콩기름 다음으로 많이 쓰인다. 집마다 하나씩은 있는 카놀라유가 바로 유채꽃에서 나오는 거란다. 유채꽃밭으로 성큼 들어가 본다. 서래섬 어디라도 빈틈없이 빼곡한 유채꽃밭 속을 걸으니 '세상이 온통 노랗다'는 표현 그대로다. 거기에 고개를 돌리면 시원한 한강이 청량하게 펼쳐진다.

유채꽃이 절정이라 작은 섬 안은 사람들로 북적인다. 삼삼오오 놀러 나온 친구들부터 무거워보이는 카메라를 들고 단체로 출사 나온 동호회 사람들까지. 파란 눈의 외국인들도 꽤 여럿 보인다. 근처 서래마을에 사는 프랑스인인가. 그들이 한결 더 서래섬을 이국적으로 만들어준다.

　　마실 나온 동네 아주머니 몇 분도 운동 삼아 섬을 돌다가 중간 중간 멈춰서 서로 사진 찍어주기에 바쁘다. DSLR은커녕 그냥 휴대폰으로 찍는데도 결과가 만족스러운지 연신 잘 나왔다며 웃는다. 오늘만은 사진기나 모델보다 배경이 수훈갑이다. 모처럼 나도 셀카를 찍어본다. 화사한 유채꽃을 배경으로 웃으니 포토샵도 필요없다. 서래섬 유채꽃이 만들어준 일상의 포토제닉이다.

현충원 :
서울 동작구에 위치한 국립묘지로 서래섬과는 동작역을 사이에 두고 있다. 봄마다
수양벗꽃이 만개하는 명소로 유명하며 매년 벗꽃축제를 열기도 한다. 축제에 가면 벗꽃과
함께 군악, 의장행사 및 퍼레이드도 함께 관람할 수 있다.

반포천 허밍웨이 :

동작역부터 이수교차로까지 500m에 이르는 반포천
제방길이다. '걷다보면 절로 콧노래가 나오는 쾌적한 길'이라는
의미에서 '허밍웨이'라고 한다. 벗나무, 소나무 등이 줄지어
있어 울창한 그늘을 만들어준다. 산책이나 가벼운 운동을
하기 좋은 아담한 길이다.

구름카페 :

동작대교 위에 위치한 한강 전망카페. 카페에 들어서면
서울과 한강이 한눈에 내려다보인다. 간단한 음료 뿐만 아니라
음식과 와인, 칵테일 등도 판매한다. 노을과 야경이 아름다워
커플들이 많이 찾는다. 주차장이 카페 바로 앞에 있다.

테이스팅룸 :

독특하고 이색적인 이탈리안 요리를 자랑하는 와인 비스트로.
뉴욕의 여러 레스토랑을 디자인했던 건축가와 조명디자이너
부부가 만든 곳이라 한다. 시금치 플랫 브레드가 유명하다.
서래마을 외에도 청담과 이태원에 지점이 있다. 532-4656

유다 :

이태원을 비롯해서 여러 곳에 지점이 있는 일본식 선술집.
다양한 꼬치구이 메뉴를 자랑한다. 서래마을에는 2개의
지점이 있다. 594-6282

9)

창포원 :

붓꽃 가득한 낭만 속으로(도봉구 도봉동)

창포원 내에 햇볕을 피할 그늘이 생각보다 많지 않다.
방문자센터 뒤편에 소나무숲이 비교적 울창한 편이니 소풍을
왔다면 그곳에 자리를 잡는 것이 제일 좋다.

가는 방법	도봉산역에서 내리면 바로다. 지하철이 가장 편리하며 주차장이 따로 마련되어 있지 않으니 대중교통을 이용하자. 1,7호선 도봉산역 2번 출구 도보 1분.
규모/소요시간	총 1만 6천평 규모에 붓꽃원, 약용식물원, 습지원 등 12개 테마로 구분되어 조성되어 있다. 꽃구경과 함께 소풍 온 기분으로 2~3시간이면 넉넉하게 둘러볼 수 있다.
추천시기	평일 오후라면 한가로움을 만끽할 수 있다. 주말에도 많이 붐비지 않는다.
개화시기	붓꽃 5~6월.
편의시설	화장실은 방문자센터 앞에 한군데 있는데 깨끗하다. 공원 내에 매점 등의 편의시설은 없으니 간단한 음료는 준비해가자.
경사정도/복장	대부분 평지로만 이루어져 있어 걷기에 불편함이 없다. 편하게 입어도, 멋을 내도 상관없다. 단 5월 중순 이후라면 모자나 선글라스를 준비하자.
주소/문의	서울시 도봉구 도봉동 4, 2289-1114

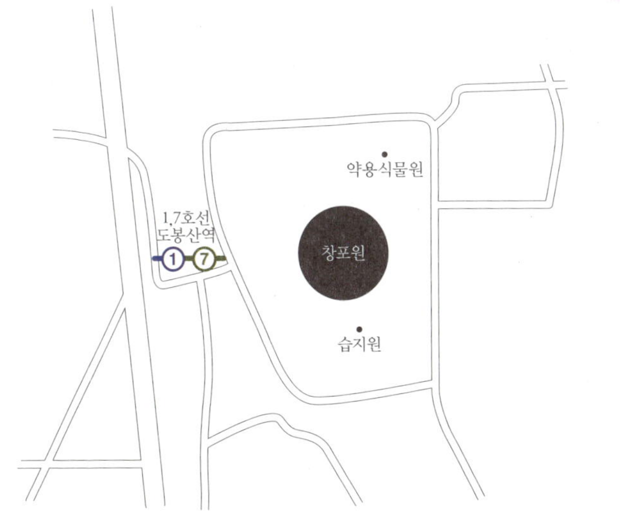

'아이리스'로 잘 알려진 붓꽃은 세계 4대 꽃 중 하나이기도 하다.

　"서울에 있는 공원 중에 가장 개성있는 곳을 뽑으라면?" 이라고 누가 묻는다면 "창포원!"이라고 대답하지 않을까? 창포원은 창포꽃을 비롯해서 '붓'모양의 꽃봉오리를 가지고 있는 온갖 붓꽃류를 모아놓은 특수식물원이다. 붓꽃의 개화시기인 5월 말부터 6월 초 사이를 잘 맞춰서 가면 지금까지 살면서 본 붓꽃은 물론 앞으로 볼 것까지 한 번에 다 볼 수 있을지도 모른다. 붓꽃류만 130여 종 30만 본이 있으니 결코 호들갑이 아니다.

　붓꽃은 우리에게 조금 낯설 수도 있다. 아이리스(Iris)라고 해야 '아! 그 꽃!'하고 무릎을 치며 떠올리는 사람도 있을 것이다. 반 고흐의 그림으로 유명한데, 실제로 고흐가 말년에 가장 즐겨 그린 소재였다고 한다. 또한 세계 4대 꽃 중의 하나(나머지는 장미, 튤립, 국화)이기도 할 만큼 전 세계에

서 널리 사랑받는 꽃이지만 그 명성에 비해 한국에서는 볼 기회가 흔치 않다. 그림이나 혹은 영화, 드라마에서나 접할 수 있었지 일상생활에서 좀처럼 보지 못했던 탓인지 내 주변 사람들도 '붓꽃'이라고 하니 의아한 표정을 짓곤 한다. 그런 붓꽃만 모아놓은 곳이 서울에 있다니, 꼭 가봐야 하는 must place임이 틀림없다.

창포원은 서울의 가장 북쪽, 의정부 바로 아래 도봉산과 수락산 사이에 있는데 도봉산역까지 가는 길이 조금 멀게 느껴질 수도 있다. 나는 신길역에서 1호선으로 갈아타고 한 시간 가량을 더 갔는데 철컹대고 덜거덕거리기도 하는 국철을 타고 있으니 기차여행 하는 기분이 들어 오히려 좋았다. 더군다나 한적한 지하철에 앉아 지나치는 풍경을 쳐다보고 있으니 급할 것 없다는 여유로운 생각마저 들었다. 붓꽃이 어디 가진 않을 테니까.

물론, 개화시기를 맞춰 가는 것이 꽃구경에 있어서 가장 중요한 포인트이다. 꽃이 어딜 가진 않겠지만, 언제까지 피어있지도 않으니 말이다. 그래서 나는 붓꽃이 5월 중순부터 피어서 5월 말이면 만개한다는 정보를 입수하고 가기 전에 전화로 확인한 후에 창포원을 찾았다. 이런 노력이 헛되지는 않았던 것이 도봉산역에서 나와 횡단보도를 건너자마자 창포원 너머로 만개한 붓꽃들이 연출하는 보랏빛 물결을 목격할 수 있었다.

그런데 사람들이 쉴 새 없이 드나드는 역과는 달리 창포원 안은 한적했다. 소풍와서 도시락을 먹는 아이들과 공원으로 마실 나온 동네주민 몇 명이 눈에 띄었다. 비록 관객이 적었지만 붓꽃은 열연을 펼치고 있었다. 창포원이란 캔버스에 온몸으로 보라색 물감을 칠하고 있다고나 할까. 이 공간의 주연은 붓꽃이었다. 습지 위에서 한결 더 돋보이는 주연. 습지원에 설치된 관찰데크를 걸으며 잔잔한 수면과 어우러진 붓꽃의 청초함을 감상했다.

조금 비현실적인 느낌이 들기도 했다. 붓꽃에 약간의 로망이 있어서인지는 몰라도 텔레비전에서만 보던 스타를 실제로 마주한 기분이랄까? 역에서 몇 발짝만 내디뎠을 뿐인데 이렇게 가까이에 붓꽃이 무수히 피어있다는 사실이 믿기지 않았다. 보랏빛 넘실거림을 따라 내 마음도 한없이 울렁거렸다. 창포원의 보랏빛 풍경은 이국적인 감상을 불러일으키기에 충분했다.

창포원을 다녀온 후에도 그 여운이 쉽게 가시지 않았다. 일상적인 순간이 붓꽃의 존재만으로 비일상적이 되는, 마법 같은 공간이라는 생각이 들었다. 일상이 지겨워질 때면 한번쯤 가보면 좋은 곳. 지루하게 때로는 고되게 마주치는 매일매일에 포인트가 되는 곳으로 추천하고 싶다.

먹자골목 :

창포원 주변에는 먹을 곳이 마땅치 않다. 출출한 배를 달래기 위해서는 도봉산 등산로
초입에 있는 먹자골목이 대안이다. 김치 겉절이와 함께 주는 즉석김밥이 간단하면서도
든든하다.

습지원 :

창포원에 조성된 12개의 테마 중 하나로 우리나라 하천 및 연못에서 흔히 볼 수 있는
수생식물 및 수변식물로 이루어져 있으며 낙우송, 능수버들, 부들 등이 있다. 관찰데크가
있어 습지 주위로 핀 꽃창포를 구경하며 걷기 좋다.

약용식물원 :

국내에서 생산되는 약용식물 대부분을 한자리에서 관찰할 수 있다. 70종 13만 본이
식재되어 있으며 쌍화탕원, 십전대보탕원, 아로마테라피원 등 실제로 쓰이는 용도별로
식물들을 구분해놓아 한결 더 알기 쉽다.

10)

북서울 꿈의 숲 :

아이들의 Dream come true (강북구 번동)

writer's tip
아이와 함께 간다면 수건과 갈아입을 옷을 챙기는 것이 좋다.
물놀이장과 점핑분수를 아이들은 그냥 지나치지 못한다.

가는 방법	북서울 꿈의 숲은 방문자센터가 있는 동문과 아트센터가 있는 서문, 이렇게 두 곳으로 드나들 수 있다. 공원이 워낙 넓으니 목적지에 따라 들어가는 입구를 달리하자. 4호선 미아사거리역 3번 출구로 나와 마을버스(강북05) 환승 후 5분.
규모/소요시간	북서울 꿈의 숲은 월드컵공원, 올림픽공원, 서울숲에 이어 서울에서 네번째 큰 공원으로 무려 20만 평이라는 규모를 자랑한다. 공원이 자랑하는 12경을 둘러보는 데만도 2~3시간은 훌쩍 지나간다. 최소 반나절은 잡아야 한다.
추천시기	5월이 되면 월영지와 창포원 주위로 창포꽃이 피기 시작하는 모습이 아름답다. 또한 공원 내에 벚꽃길과 단풍길이 있어 봄과 가을에도 걷기 좋다. 날씨 좋은 주말 낮에는 가족방문객들로 언제나 붐빈다.
개화시기	벚꽃 4월, 창포꽃 5~6월
편의시설	다양한 편의시설이 잘 갖춰져 있다. 공원 내 화장실이 여러 곳이며 곳곳에 배치된 쉼터, 간단한 음료를 마실 수 있는 카페까지 부족함이 없다.
주소/문의	서울시 강북구 번동 산 28–6, 2289–4001

쓰러져가는 놀이공원이 강북 최대 규모의 녹지로 재탄생했다.

'북서울 꿈의 숲'이 원래는 '드림랜드'였다는 것을 안 것은 최근의 일이다. 어린 시절 자주 갔던 놀이공원이라 나에게 특별한 추억이 있는 곳인데 어느 샌가 없어지고 그 자리에 공원이 들어섰다니. 내가 어릴 적 드림랜드는 꿈에도 그리던 환상적인 놀이공원이었다. 서울에 생긴 최초의 테마파크였으니 그 인기는 오죽했으랴. 하지만 언젠가부터 제대로 관리가 되지 않아 점점 쇠퇴했고, 경영 또한 악화되어 조폭의 손에까지 소유권이 넘어가기에 이르렀다고 한다. 그런 드림랜드 부지를 서울시가 재정비하여 2009년에 '북서울 꿈의 숲'이란 이름으로 개장하였다. 다 쓰러져가는 놀이공원을 강북 지역 최대 규모의 녹지로 탈바꿈시켰으니 당시 동네주민들이 이러한 결정에 대해 얼마나 좋아했을까?

　　북서울 꿈의 숲은 월드컵공원과 올림픽공원, 서울숲에 이어 서울에서
네번째로 큰 규모다. 숲이 울창한 벽오산, 오패산으로 둘러싸여 있어 벚꽃
길과 단풍숲 뿐만 아니라 사계절 내내 아름다운 풍광을 자랑한다.

　　또한 드림랜드가 아이들의 꿈과 환상이 가득했던 곳이었던만큼 아이
들이 공원을 즐기기에 부족함이 없도록 많은 배려를 한 곳이다. 사실 북서
울 꿈의 숲이 창포꽃으로 유명하다는 얘기를 듣고 찾아갔는데 곳곳에 핀
창포꽃도 아름다웠지만 더욱 인상적이었던 것은 바로 이런 점이었다. 아이
들이 마음껏 뛰놀 수 있는 드넓은 잔디광장(청운답원)을 비롯해서 어린이
미술관(상상톡톡미술관)과 사슴방사장, 점핑분수, 어린이놀이터 등 어른
들보다 아이들을 위한 시설이 가득해서 마치 피터팬이 사는 네버랜드 같

다는 생각이 들었다.

　뭐니뭐니해도 아이들에게 가장 인기가 좋은 곳은 미술관 앞에 있는 물놀이장이었는데, 여름을 맞아 맘 먹고 물장구치러 온 아이들의 천국이었다. 내리쬐는 태양을 피해 어른들은 그늘로 숨지만 아이들은 물로 뛰어들었다. 수심이 얕아 놀기가 좋은지 서너 살도 안 된 아기들은 물속을 아장아장 걸어다니고, 그보다 조금 더 큰 아이들은 서로 물을 튀겨가며 소리 지르기에 바빴다. 하이라이트는 사슴 모양 양동이! 떨어지는 물을 받고 있다가 무거워지면 모았던 물을 한 번에 쏟아내는데 그 밑에서 물벼락 맞는 기분이 정말 짜릿한가 보다. 아이들은 온몸으로 시원하다고 소리를 질렀다. 콸콸콸 물을 맞는 기회를 잡기 위해 양동이 밑으로 아이들이 몰려들고 사슴은 쉬지 않고 물을 한바탕씩 뱉어냈다. 보기만 해도 시원한 풍경이다.

땀을 식힐 겸 그늘을 찾아 산속으로 흘러들었다. 물놀이장이 있는 미술관 옆으로 계단을 따라 오르면 울창한 숲이 나온다. 저 아래 호수에서 쏘아 올리는 물줄기를 바라보며 산길을 걸으니 바람이 상쾌하다. 미처 발견하지 못했던 꽃들을 이제서야 발견한다. 산딸나무와 덜꿩나무의 꽃이 산 곳곳마다 새하얗게 피어있다. 초화원에선 야생화들이 앞다투어 각자의 자태를 자랑한다. 샛노랗게 핀 꽃덤불들도 지나칠 수 없게 매력적이다.

수북한 꽃들 사이에 먼저 자리잡은 벌들의 그 기세에 놀라며 걷노라니 어느새 사슴방사장까지 오게 되었다. 여기도 아이들에게 사랑받는 장소다. 그림책이나 텔레비전에서만 보던 사슴을 가까이서 보고 만질 수 있어 그런지 아이들이 줄을 섰다. 사슴 방사장에서 내려오면 월광폭포를 끼고 그 아름다움을 뽐내고 있는 연못 월영지가 있고, 이외에도 서울 시내가 한눈에 내려다보이는 전망대 등 북서울 꿈의 숲이 자랑하는 코스가 12가지가 있다. 이름하여, 북서울 꿈의 숲 12경! 틈틈이 들러 하나씩 12경을 알아가는 것도 북서울 꿈의 숲을 즐기는 묘미일 것 같다.

월영지 :

공원 중심부에 있는 연못이다. 7m 높이의 월광폭포와 정자
'애월정'과 함께 자리 잡고 있으며 주변으로 핀 창포꽃을
비롯해서 물속에서 자라는 낙우송, 연꽃이 피어있는 연지,
매화를 바라볼 수 있는 매대가 있어 한국적인 경관이 주는
분위기를 만끽할 수 있다.

전망대 :

공원의 가장 끝에 위치한 전망대는 다소 멀지만 가볼만 하다.
높이 49.7m(해발 139m)의 전망대에 오르면 서울 시내가
한눈에 내려다보인다. 드라마 '아이리스'의 촬영지이기도 했다.

청운답원 :

서울광장의 약 2배에 달하는 잔디광장으로 완만한 경사의
잔디밭이 드넓게 펼쳐져 있다. 아이들이 마음껏 뛰어노는데
제격이다. 아래쪽으로는 상상톡톡미술관과 물놀이장,
위쪽으로는 창포원과 연결되어 있다.

사슴방사장 :

초화원 부지에 위치한 사슴방사장은 서울숲에서 사육하고
있던 사슴을 분양받아 조성되었다. 현재 수컷 2마리와 암컷
8마리가 마음껏 뛰놀고 있다.

올림픽공원 장미광장 :

백만 송이 장미꽃은 사랑을 싣고(송파구 방이동)

writer's tip
강한 향의 화장품이나 향수는 금물! 장미의 향을 맡기도 어려울
뿐더러 장미 주위를 맴돌던 벌이 당신에게 날아올 수도 있다.

가는 방법	5호선 올림픽공원역 3번 출구 도보 5분. 동2문과 남2문 주차장이 장미광장과 가장 가깝다. 이 두 곳은 선불제로 운영된다. (1일 4000원)
규모/소요시간	올림픽공원 장미광장은 총 13,260㎡(4천여 평) 규모에 '올림푸스 12신의 정원'이라는 콘셉트로 조성되어 12개의 화단으로 이루어져 있다. 수백만 송이의 장미와 더불어 올림픽공원을 제대로 즐기려면 몇 시간도 모자라지만, 시간을 많이 낼 수 없다면 저녁을 먹고 산책할 겸 가볍게 들러 구경하는 것도 좋다.
추천시기	주말에는 다소 붐빈다. 다소 한가한 평일 저녁에도 충분히 운치있다.
개화시기	장미 5~6월, 양귀비 6월
편의시설	장미광장과 올림픽홀 주변에 화장실을 비롯한 식수대와 카페가 있다.
경사정도/복장	장미광장 일대는 평지여서 걷기에 불편함이 없다. 하지만 들꽃마루를 비롯해서 올림픽공원 명소 몇 곳은 다소 경사가 있다.
주소/문의	서울시 송파구 방이동 88, 410-1114

장미광장 옆 들꽃마루에는 다양한 들꽃이 피어 한 폭의 그림을 만든다.

대부분의 사람들이 '꽃'하면 제일 먼저 떠올리는 꽃은 역시 장미다. '장미(Rose)'라는 이름에서 향기를 느낄 만큼 장미는 꽃 중의 꽃이라 할 수 있다. 원을 그리며 촘촘히 포개진 꽃봉오리는 우아한 자태를 잃지 않으면서도 진한 색감과 향기를 자랑하며 매력을 발산한다. 자신에게 성급히 다가서는 자에게는 날카로운 가시로 따끔하게 경고하는 식물계의 '팜므 파탈'이 바로 장미다.

장미의 인기는 유래가 깊다. 그리스 신화에서 장미는 미와 사랑, 기쁨과 청춘의 상징으로 미의 여신 아프로디테나 사랑의 신 에로스에게 바쳐졌다. 고대 그리스뿐만 아니라 고대 이집트나 고대 중국에서도 장미를 재배했다. 지금까지 2만 5000종이 개발되었고 현존하는 것은 6~7000종이

며, 해마다 200종 이상의 새 품종이 개발되고 있다고 한다. 하나의 꽃이 이
토록 오랫동안 최고로 사랑받을 수 있다니 새삼 놀랍고 부럽기까지 하다.

바라만 봐도 기분이 좋아지는 장미를 서울에서 마음껏 볼 수 있는 기
회가 바로 올림픽공원 장미축제다. 아쉽게도 집에서 멀어 좀처럼 가보지
못했는데 며칠 전 올림픽 공원 가까이에 사는 친구에게 연락이 왔다. 장미
축제 구경하러 오지 않겠냐고. 그래 곧 만나자, 하고 전화를 끊었는데 며칠
이 지나도록 감감무소식. 연락을 해보니 갑자기 바빠져서 엄두가 안 난단
다. 혼자서라도 다녀오기로 하고 길을 나섰다.

올림픽공원이 있는 강동까지는 집에서 지하철로 한 시간 남짓. 가는 길
에 스마트폰으로 장미축제에 대해 검색해보니 온통 칭찬 일색이다. 매년

봄·가을 장미광장에서 열리는데 광장을 가득 채운 수많은 장미꽃의 아름다움은 말할 것도 없고, 무료공연이나 체험행사 같은 다양한 프로그램이 있어 좋다는 평들도 많았다. 기대감을 안고 역에서 나와 축제가 열리는 동3문 근처 장미광장으로 향했다.

평일 오후인데도 공원을 찾은 이들이 많다. 하지만 그보다 더 많은 건 단연 장미다. 올림픽공원에서 장미광장으로 이어지는 진입로부터 시작된 장미행렬의 끝이 보이지 않는다. 생각보다 거대한 규모다. 입구의 화려한 붉은 장미에 눈길이 간다. 초록색 잎사귀 위로 탐스럽게도 매달린 붉은 꽃봉오리들을 가시덤불이 단단히 호위하고 있다. 우아한 기품이 흐르는 이 장미의 이름은 '레오나르도 다빈치'다. 프랑스에서 온 짙은 로즈 핑크빛 장미란다.

행렬은 계속 이어진다. 고개를 돌리는 곳곳마다 개성이 다른 장미들이 연달아 등장한다. 정열적인 새빨간 장미부터 우아한 기품의 새하얀 장미, 경쾌한 연보랏빛과 여린 선분홍 장미를 비롯해서 색깔뿐만 아니라 그 명암과 농도가 모두 다 다르다. 총 146종 1만 6,500그루의 장미를 심었다고 하니 엄청난 규모다.

진입로부터 시작된 장미의 파도를 타고 본격적인 축제가 열리는 장미광장에 들어서면 비로소 그 규모를 실감하게 된다. 조금 과장하면 장미의 파도가 해일로 변한다. 주변에 있는 올림픽홀이나 실내테니스장보다 훨씬 넓은 광장을 장미가 꽉 채웠으니 말이다.

장미광장은 누구나 한번쯤은 봤을 작품인 '가상의 구'를 가운데 두고 '올림푸스 12신의 정원'이란 콘셉트에 맞춰 꾸며져 있다. 그리스 신화에 나

오는 12신이 갑자기 생뚱맞게 느껴질 수도 있으나 정원 곳곳에 놓인 그리스풍 조형물의 고전미와 장미의 화려함이 제법 잘 어울린다.

　한참을 열심히 구경하며 사진을 찍다보니 땀이 잔뜩 났다. 뜨거운 태양을 피해 그늘로 숨는다. 나무벤치에 앉아 숨 좀 돌리고 나니 그제야 그윽한 장미향이 느껴진다. 사진에만 정신이 팔려 미처 느끼지 못했던 달콤함이다. 세상의 어떤 향수가 이보다 향긋할까? 혼자만 느끼기엔 너무 아까워서 바쁘다는 친구를 불러내기로 마음먹는다. 바야흐로 아름다운 계절이고 이렇게 장미가 피었으니 말이다.

뚜레쥬르 :
피크닉 기분을 내고 싶은데 준비하기가 마땅치 않다면,
지하철역에서 나오자마자 있는 뚜레쥬르로 가면 된다. 먹기도
좋고 보기도 좋은 빵들을 골라 소풍 나온 기분을 만끽해 보자.

소담터 :
올림픽공원 내에 있는 한식당. 배가 출출할 때 멀리가지 않고
한 끼를 해결할 수 있다. 이날은 날씨가 더워 냉면을 먹었는데
무엇보다 시원해서 괜찮았다.

들꽃마루 :
장미광장 옆으로 조성된 야생화정원이다. 봄부터 가을까지 다양한 종류의 들꽃들이
언덕을 따라 피어 한 폭의 그림을 만들어낸다. 특히 5~6월에는 언덕 가득히 꽃양귀비가
피어 장미광장의 장미와 함께 아름다운 조화를 이룬다.

12)

서울대공원 장미원 :

사랑과 열정을 그대에게(과천시 막계동)

writer's tip
장미축제가 열리는 테마가든에 가려면 위해서는 입장료를
내야한다(어른 2000원, 어린이 1000원). 혹시 서울동물원까지
볼 계획이라면 패키지 요금으로 더 저렴한 티켓을 사자.

가는방법	4호선 대공원역 2번 출구 도보 15분. 서울대공원 유료주차장 이용. 선불제(4000원)
규모/소요시간	서울대공원 테마가든 내에 위치한 장미원은 국내 최대 규모의 장미화원으로 꼽힌다. 41,925㎡(12,700평) 공간에 293종 23,800그루의 장미를 심어놓았다. 옆에 있는 어린이대공원도 함께 관람할 수 있으니 넉넉하게 시간을 계획하자.
추천시기	주말에 가야한다면 일찍 출발해 오전에 도착하는 편이 좋다. 주차도 그렇고 초여름의 햇볕을 피해 꽃구경하기도 좋다.
개화시기	장미 5~6월, 양귀비 6월
편의시설	장미원 입구로 들어오자마자 좌측에 화장실이 있으며 장미원 중간에 카페 및 간이매점이 있다.
경사정도/복장	화사한 장미에 어울리는 화사한 옷차림도 좋지만 무엇보다 양산이나 모자는 필수.
주소/문의	경기도 과천시 막계동 159-1, 500-7338

서울대공원 장미원은 국내 최대 규모의 장미화원으로 꼽힌다.

　　과천 서울랜드에 다니는 친구가 있다. 오랜만에 친구와 약속을 하게 되어 일찍 과천으로 향했다. 미리 미술관에 가서 전시라도 볼 생각으로 말이다. 그런데 서울대공원에서 장미축제가 열리고 있는 것이 아닌가! 계획을 바꿔서 미술관 대신 장미축제를 둘러보기로 했다. 마침 장미축제가 열리는 테마가든이 미술관 가는 길 중간에 있어서 쉽게 찾을 수 있었다.

　　장미는 봄의 끝에서 여름을 맞이하는 대표적인 꽃이다. 서울대공원 장미축제도 이에 맞춰서 매년 5~6월에 한달 여 동안 열린다. 총 12,700평의 공간에 293종 23,800주가 있어서 국내 최대 규모의 장미화원으로 꼽힌다고 하니 꽃 구경을 좋아한다면 한번쯤 꼭 가볼만한 곳이다. 청계산과 호수로 둘러싸인 경치도 훌륭하고 온갖 야생동물을 볼 수 있는 대공원에 화사한 장미까지 수백만 송이가 있으니 누구와 함께라도 좋은 곳인 셈이다.

　　서울대공원 입구에서 조금만 오르면 호수가 보이고, 그 위로 두둥실 떠가는 리프트를 따라 다리를 건너니 바로 테마가든이다. 장미축제여서 그런지 멀리서부터 보이던 기둥조형물에도 빨간 장미로 치장을 해 놓았다. 그냥 기둥인데도 장미로 덮으니 아름답다.

입구부터 마중 나온 장미꽃을 따라 'Rose Garden'이라고 적힌 아치형 터널을 통과하면, 본격적인 축제가 열리는 장미원에 들어선 것이다. 장미의 수도 어마어마한데다가 촘촘하고 겹겹이 조성된 꽃밭에 길이 가려져있어 흡사 미로 속으로 들어온 기분이 든다. 비밀의 화원에 불쑥 떨어진 느낌. 저 멀리서 삐걱거리며 돌아가는 풍차가 한층 동화 속 나라의 느낌을 더한다.

장미원은 가운데 분수대를 중심으로 원형으로 이루어진 거대한 정원이다. 정해진 동선 같은 건 없으니 한 바퀴 돈다고 생각하고 마음에 드는 장미를 찾아 다녀보자. 오히려 눈길 가는대로 발길 닿는 대로 이리저리 걸으며 장미를 즐기는 것이 가장 제대로 축제를 즐기는 방법이다. 그리고 아름다운 자태뿐 아니라 향기도 같이 즐겨보자. 달콤하기 그지없는 장미향을 맡다보면 마음까지 분홍빛으로 말랑말랑해진다.

꽃에 취해 향에 취해 장미원을 돌아다니다 보니 어느새 약속시간이라 친구가 있는 서울랜드로 향했다. 밥을 먹으러 들어간 식당에서 수저를 놓으며 물었다. 애인은 잘 있냐고. "어, 얼마 전에 헤어졌어." 겸연쩍게 웃으며 대답하는 그는 "나 회사 그만두고 다른 일 하려고." 라며 폭탄선언을 한다. 친구에게 무언가 위로가 될 만한 말을 고르다 타이밍을 놓치고 말았다. 묵묵히 밥만 먹었지만 나는 마음속으로 응원의 갈채를 보냈다.

친구와 헤어지고 돌아오는 길, 다시 마주한 장미가 더욱 빨갛다. 빨간 장미의 꽃말이 열정이었던가. 그의 앞날에 장미만큼 열정적인 인생이, 그리고 새로운 사랑이 펼쳐져 있을 것이라 믿는다.

13)

월드컵공원 평화의 공원 :

화려한 양귀비 카펫을 걷다(마포구 상암동)

writer's tip
2013년에는 유독 서울의 다른 공원에 비해 평화의 공원 양귀비만
개화시기가 늦었다. 미리 전화로 문의하여 개화시기를 확인하자.

가는 방법	'평화의 공원'은 월드컵공원 중에서 월드컵경기장과 가장 가깝다. 대중교통을 이용해서 쉽게 접근이 가능하다. 6호선 월드컵경기장역 1번 출구 도보 10분. 월드컵경기장 앞 평화의 공원 주차장 이용.
규모/소요시간	월드컵경기장과 강변북로 사이의 평지 44만㎡(13만여평)에 조성되어 있다. 공원 한가운데 자리한 난지연못을 중심으로 한 바퀴 도는 데에만 20분이 넘게 걸릴 정도로 넓은 규모다.
추천시기	햇빛이 약한 오전이나 늦은 오후에 찾으면 양귀비꽃의 화려한 색감을 더 잘 느낄 수 있다.
개화시기	양귀비 6월
편의시설	평화의 공원에는 입구의 안내센터를 비롯하여 화장실, 매점, 휴게소 등 다양한 편의시설이 곳곳에 있어 편리하다.
경사정도/복장	대부분의 길이 평지에 정비도 잘 되어있어서 걷기에 편하다. 단, 꽃이 많은 곳엔 벌도 많으니 너무 강한 향수를 뿌려 자극하지 말자.
주소/문의	서울시 마포구 상암동 487-359, 300-5500

중국의 황후 양귀비처럼 아름답다고 해서 양귀비라고 이름지어졌다.

11월 11일이 한국에선 '빼빼로 데이'지만 영국에서는 'Remembrance Day'라고 해서, 제1차 세계대전에서 승리를 거둔 1918년 11월 11일을 기념하는 날이다. 희생자들을 기리기 위해 종이로 만든 양귀비를 달고 다니는 전통이 있는데 그래서 양귀비의 날(Poppy Day)이라고도 부른다. 사람들은 저마다 양귀비 모양의 새빨간 배지를 옷에 꽂고, 자가용이나 택시의 앞 범퍼에까지 큼지막하게 달아놓는다. 공원에는 갖가지 크기의 양귀비 조화가 붉은 파도처럼 넘쳐나고, 정치인이나 연예인을 비롯해 일반 시민들도 모두 가슴 한쪽에 양귀비꽃을 경건하게 품는다. 흐리디흐린 런던의 겨울, 무채색 외투 한편에 자리 잡은 빨간 꽃이 참 인상적이었다.

사실 양귀비란 이름은 중국의 황후이자 절세미녀 양귀비처럼 아름답다고 해서 붙여졌다고 한다. 아편 꽃이라고도 하는데, 열매의 즙을 이용하여 아편을 제조할 수 있기 때문에 우리나라에서는 재배가 제한되어 있다. 아름답지만 볼 수 없다니, 그림의 '떡'이 아니라 그림의 '꽃'이 아닌가? 하지만 양귀비에도 여러 품종이 있는데 마약 성분이 없는 개양귀비나 관상용으로 개량된 셜리양귀비는 키우는 데 전혀 문제가 없다. 그래서 올림픽공원이나 서울대공원에도 장미와 함께 심어 놓았다.

양귀비를 가장 잘 만끽할 수 있는 곳이 바로 월드컵공원이다. 월드컵공원 중에서도 '평화의 공원'이 양귀비로 유명한데, 공원 가운데 있는 메트로폴리스 길이 양귀비꽃으로 가득 메워진다. 사실 메트로폴리스 길이라고 하면 모르는 사람들이 많은데, 평소에는 그냥 공원 한편에 있는 길에 불과하기 때문이다. 그러다 봄이 되고 양귀비가 피어날 때면 아무 것도 없던 불모지에서 수만 송이의 꽃봉오리가 봉긋이 터져 나온다. 이 사실을 알게 된 후로는 공원을 찾을 때마다 굳이 메트로폴리스 길까지 가서 양귀비꽃의 안부를 살피게 되었다. 월드컵공원은 난지도 쓰레기장 위에 지은 생태공원이다. 쓰레기 더미 위에서 이토록 찬란하고 쾌적한 녹지가 탄생했다는 것 자체가 놀랄만한 일이다. 거기에 황무지에서도 잘 자라 전쟁터에서 많이 심었다는 양귀비가 변신한 월드컵공원에 심어져 있다는 사실이 묘하게도 어울린다.

좀 거창할지도 모르겠지만, 나는 삼고초려 끝에 양귀비꽃을 만날 수 있었다. 올해 개화시기가 유독 늦었기 때문이다. 갈 때마다 번번이 실패였다. 그러다 6월 말에 다시 가 보았다. 공원 가운데 커다랗게 자리 잡은 난지연못은 하늘과 구름을 고스란히 담아내고 있었고 연못 주위로는 소풍 온 유치원생들이 뛰어놀기 바쁜 오후였다.

양귀비꽃의 안부가 궁금해져 다시 메트로폴리스 길로 갔다. 지난주에는 아직 덜 피어 아쉽게 돌아갔었다. 오늘은 얼마나 피었을까 궁금해 하며 별자리 분수를 지나 메트로폴리스 길에 다다랐는데, 바로 오늘이 그날이었다. 기다리고 기다리던 만개일!

수만 송이의 양귀비꽃이 그동안 숙였던 고개를 일제히 치켜들고 하늘을 우러르고 있었다. 붉은색 물감을 붓에 콕콕 찍어 덧칠한 것만 같은 생생한 색채의 향연은 화려하고 아름다웠다. 바람에 꿈틀대는 분홍빛 카펫이 월드컵 경기장까지 이어져있었다.

그러다 어느 순간, 하늘에서 거대한 양귀비 한 송이가 내게로 날아왔다. 공중에서 나를 향해 떨어지는 꽃잎을 멍하니 바라보았다. 바로 패러글

맑은 날이면 공원으로 패러글라이더가 날아들어 멋진 풍경을 연출한다.

늦봄이면 메트로폴리스 길이 양귀비꽃으로 가득 메워진다.

라이더였다. 바람에 팽팽히 날개를 펴고 흐드러진 양귀비 꽃밭 위로 패러 글라이더가 날고 있었다. 펄럭이는 새빨간 날개가 유혹하듯 하늘거렸다. 푸르른 하늘에도 드넓은 들판에도 양귀비라니. 오늘이 나에게는 정말 기억에 남을 Poppy Day다.

이맘때엔 산딸나무도 하얗게 꽃을 피우니
그냥 지나치지 말자.

하늘공원 :

'하늘공원'은 월드컵공원 중 가장 높은 곳(해발 98m)에
위치하여 한강을 낀 탁월한 전망을 자랑한다. 매년 가을이면
온 들판을 메우는 억새가 장관이며 10월 중순이면 억새
축제가 열린다.

메트로폴리스길 :

월드컵경기장과 평화의 공원 잔디광장 사이에 위치한
서울 시내에서 가장 유명한 양귀비 꽃길이다. 공원에서
월드컵경기장까지 양귀비꽃으로 만든 카펫이 깔린 것처럼
보일 정도다. 포장이 잘 된 길이라 자전거나 인라인을 타는
사람이 많다.

서울월드컵경기장 :

2002년 월드컵 개최를 목적으로 건설된 축구 전용 경기장.
아시아 최대의 축구 전용 경기장이기도 하다. 현재는 국내외
국가대표 경기와 각종 대형 콘서트, 문화행사가 펼쳐진다.
대형할인점, 영화관, 스포츠센터, 커피숍 등의 시설이 들어와
있다.

14)

홍릉수목원 :

피톤치드 가득한 봄 향기 넘치는 길(동대문구 청량리동)

writer's tip

수목원에는 나무마다 이름과 설명이 있다. 마음에 드는
나무를 하나 정해서 수목원에 올 때마다 관찰해보자.
계절에 따라 나무가 변하는 모습이 감동적이다.

가는방법	주차장이 없기 때문에 대중교통 이용을 추천한다. 1호선 회기역 1번 출구 도보 10분. 6호선 고려대역 3번 출구 도보 10분.
규모/소요시간	규모가 큰 편은 아니지만 우리나라 최초의 수목원으로 1920년대부터 오랫동안 조성되어 나무들이 크고 품종 또한 다양하다. 숲을 한 바퀴 돌며 설명을 듣는 해설 프로그램은 약 1시간 반 가량 진행된다.
추천시기	홍릉수목원은 주말에만 개방한다. 4월부터 10월까지 하루에 두 차례(오전 10시 반, 오후 2시) 숲 해설프로그램이 진행되는데 조금 이른 10시 반 프로그램이 수목을 감상하기에 쾌적하다. 해설사의 얘기로는 홍릉숲은 꽃피는 봄이 제일 아름답다고 한다.
개화시기	각 계절별로 다양한 꽃을 감상할 수 있다.
편의시설	수목원 곳곳(산림과학관, 초본원, 침엽수림)에 화장실이 있지만 산림과학관을 제외하면 간이화장실이라 불편할 수 있다.
복장	대부분 흙길이라 운동화가 편하다.
주소/문의	서울시 동대문구 청량리동 207, 961-2522

홍릉수목원에선 약초가 얼마나 어여쁜 꽃을 피워내는지 확인할 수 있다.

사람이 싫어질 때가 있다. 서울이란 도시의 번잡함이 싫고, 자연을 거스른 문명의 이기가 끔찍하게 느껴지는 순간도 함께다. 어디엔가 숨어 차분히 자신을 달래고 싶지만 생각만큼 여의치 않다. 원초적인 자연으로, 길들여지지 않은 야생으로 훌쩍 떠나고 싶은 마음이야 굴뚝같지만, 국경은커녕 서울시 경계를 넘는 것도 버겁다.

그래서 조금씩 서울 안에서 나만의 힐링 장소를 구축해가기 시작했다. 이런 나의 힐링 장소 리스트 중에서 정말 매력적인 곳이 있다. 수많은 식물이 모여 수다 떨 듯 각자의 매력을 피톤치드와 함께 발산하는 곳. 바로 홍릉수목원이다.

홍릉수목원은 명성황후의 능인 홍릉이 있던 자리에 세워진 우리나라 최초의 수목원이다. 서울 내에 있는 흔치 않는 수목원이기도 하다. 국립산림과학원이 관리하고 있는 연구 중심의 수목원이라 평일은 개방을 하지 않고 일요일만 개방했는데, 토요일을 포함한 주말 개방으로 확대되었다. 교외로 나가지 않고 서울에서 여유롭게 주말을 즐길 수 있으니 이런 결정이 반가울 따름이다.

수목원에는 총 2,000여 종의 식물 20여만 개체가 있다. 우리나라에서 자라는 나무와 풀을 모두 한 자리에 모아놓은 '살아있는 식물도감'인 셈이다. 6월의 어느 날 늦봄의 야생화를 만나러 홍릉수목원으로 향했다.

홍릉수목원은 동대문구 청량리에 고려대와 경희대를 끼고 자리하고 있다. 지하철을 타고 고려대역에서 내려 십분 남짓 걸어 수목원에 도착했다. '국립산림과학원'이란 명패가 멀리서부터 나를 반긴다. 그 뒤로 펼쳐진 울창한 숲이 고요히 숨 쉬고 있는, 볼 때마다 설레는 풍경이다. 활짝 열어젖힌 철문을 가벼운 발걸음으로 통과하고는 수목원 탐험을 시작해본다. 6월의 나무 냄새가 싱그럽다.

수목원은 침엽수 공간과 활엽수 공간으로 나누어져 있다. 입구에 들어서면 침엽수원이 보이고 활엽수원이 그 뒤로 펼쳐져 있다. 자, 우거진 수풀 속으로 들어가 보자. 탐험이 어렵진 않다. 홍릉수목원의 모든 식물에는 이름이 붙어 있기 때문이다. 사실 '잡초'도 우리가 그 이름을 몰라 그렇게 부르고 가볍게 여기는 것인데, 다행히 수목원의 모든 식물에는 이름과 설명이 붙어있어서 그냥 지나쳤을 아주 작은 풀도 다시 한 번 눈여겨보고 인사하게 된다.

늦봄과 초여름 사이에는 정문 왼편에 있는 약용식물원에 가 보자. 한약 재료로만 익숙한 황기나 당귀가 얼마나 어여쁜 꽃을 피워내는지 볼 수 있다. 또한 눈송이가 맺힌 듯 순백색의 꽃을 지닌 '은꿩의 다리'나 기린초, 참나리 같은 잘 알지 못했던 약초들의 꽃도 발걸음을 멈추게 만들 정도로 예쁘다.

시간 여유가 있다면 '홍릉숲의 사계'라는 숲 해설 프로그램도 추천하고 싶다. 봄부터 가을까지, 하루 두 차례(오전 10시반, 오후 2시) 진행되는데 계절과 시기에 따라 내용이 바뀐다. 시간에 맞춰 산림과학관 앞 벚나무 쉼 터로 가면 된다. 내가 간 날은 나뭇잎이 주제였는데, 나뭇잎만 봐도 나무 를 쉽게 구별할 수 있다는 걸 배웠다. 수목원을 한 바퀴 돌며 여러 나뭇잎 을 주워서 만지고 관찰하고 냄새를 맡았다. 나무에 대해 많은 걸 알게 된 기분이었다. 얼굴만 알고 지낸 친구와 처음으로 이야기를 나눈 것 같은. 계 수나무가 초록색 하트 모양의 잎을 지닌 줄도 몰랐고, 가을이 되면 솜사탕 향이 나는 것도 금시초문이었다.

솜사탕 향이라, 도대체 어떤 냄새일까! 달짝지근한 자연의 솜사탕 향이 궁금해져서 휴대폰 달력을 열어 저장한다. '10월, 계수나무 보러 수목원 오 기'. 친구의 생일을 적어놓듯 계수나무 만날 약속을 적어놓으니 정말 친구가 한 명 생긴 기분이다. 나무 친구를 만나러 더 자주 홍릉숲을 찾아야겠다.

세종대왕기념관 :

홍릉수목원 바로 맞은편에 세종대왕기념관이 있다. 우리 민족 최고의 성군으로 꼽히는
세종대왕을 기념하는 전시관이다. 세종대왕의 성덕과 위업을 기리기 위해 세종대왕의
일대기를 비롯해 그가 남긴 업적들을 정리하여 전시하고 있다.

정릉천 :

성북구 정릉동 북한산 계곡에서 동남쪽으로 흐르는 하천으로, 월곡천과 만난 후
청계천으로 흘러들어 다시 중랑천과 한강으로 합류한다. 정릉내라고도 한다. 2011년
동대문구에서 생태하천으로 정비하며 다양한 수생식물을 심어 여러 생물의 서식
공간으로 재탄생하였다. 자전거도로와 산책로가 있어 주변 주민들이 즐겨 이용한다.

팔선생 :

여러 곳에 지점이 있는 중식당으로 홍릉점이 본점이다. 낡은 홍등이 걸려있는 외관과
고풍스러운 느낌이 드는 실내가 중국 영화의 세트 같다. 짜장면을 비롯하여 중국냉면,
꿔바로우(찹쌀탕수육)가 유명하다. 969-8189

15)

세미원 :

연꽃 따라 걷는 길(양평군 양서면)

writer's tip
세미원과 두물머리가 붙어있으니 두 곳 다 둘러보자. 새벽녘
생기는 두물머리 물안개를 놓치지 않으려면 두물머리부터
들린 후에 세미원에서 연꽃을 감상하는 것이 효율적이다.

가는방법	세미원은 서울을 벗어나 경기도에 있지만 버스와 지하철로도 갈 수 있다. 중앙선 양수역 1번 출구 도보 10분. 양서문화체육공원에 주차 후 도보 3분.
규모/소요시간	출사지로 유명한 두물머리 바로 맞은편에 위치한 세미원은 면적 18만㎡(54,450평) 규모이다. 한강물이 연꽃, 수련, 창포가 자라는 6개의 연못을 거쳐 중금속과 부유물질이 제거되어 팔당댐으로 흘러가도록 설계되었다. 100여 종의 수련을 만날 수 있는 세계 수련원, 두물머리를 내려다볼 수 있는 관란대, 프랑스 화가 모네의 흔적을 담은 '모네의 정원' 등 다양한 볼거리가 있다.
추천시기	주말에 찾는다면 오전에 가자. 연꽃은 아침 일찍 개화해서 오후가 되면 점차 꽃봉오리를 오므리는 특성이 있다. 또한 오후가 되면 사람들로 번잡할 수도 있다.
개화시기	연꽃 7~8월
편의시설	세미원 내에 화장실은 있지만 매점이나 식당, 자판기 등의 편의시설이 없다.
주소/문의	경기도 양평군 양서면 용담리 428-8, 031-775-1834

진흙탕 속에서도 아름다운 꽃을 피워내는 연꽃은 부활을 상징한다.

사진가들이 손꼽는 출사지인 두물머리의 그림같은 풍경.

주차장에서 먼지 쌓인 자동차에 시동을 걸었다. 한적한 강변도로를 시원하게 내달리다 서울을 벗어나 6번 국도로 들어서니 금세 경기도 양평. 오늘 이 갑작스러운 드라이브의 목적지는 바로 두물머리와 세미원이다.

두물머리가 사진 동호인들이 손꼽는 출사지이긴 하지만, 사실 오늘 깜짝 방문의 결정적 이유는 세미원 때문이다. 지루한 장마기간, 어디 나가지도 못하고 웹서핑만 하던 중에 지인의 블로그에서 연꽃 명소인 세미원을 알게 되었다. 장마 직전에 다녀온 모양인데 올리는 연꽃 사진들이 어찌나 단아하고 화사하던지. 온종일 쏟아지는 빗줄기에 솜털까지 축축 늘어지는 기분을 단숨에 바꿔주었다. 위치도 두물머리 바로 옆이라 최고의 출사코스가 아닌가.

연꽃을 보고 싶은 마음이 굴뚝같았지만 우선 두물머리부터 들렀다. 새벽녘 생겼던 물안개가 시간이 지나면 사라지기 때문이다. 많이 늦지는 않았는지 두물머리 주차장에 생각보다 차가 많다. 카메라를 들고 강가로 나가보니 사람들이 촬영에 여념이 없다. 그들의 렌즈가 향한 곳으로 시선을 돌리니 수묵으로 그려낸 한 폭의 그림이 거기 펼쳐져 있다. 자욱하게 안개가 드리워지고 첩첩이 둘러싼 산세를 먹의 농도로 담백하게 그려낸 수묵담채화. 물과 하늘이 고요하게 맞닿아있는 수평선은 그 경계가 희미해 신비로움을 자아낸다. 때마침 날아온 두루미 한 마리가 잠시 강가를 배회하더니 유유히 산등성이 너머로 사라진다. 안개가 내려앉은 풍경에 여운이 파문처럼 퍼져 나간다.

이제는 연꽃을 보러 갈 시간이다. 두물머리에서 나와 세미원으로 향했다. 세미원은 연과 수련, 창포 등의 수생식물을 이용하여 한강물을 깨끗하게 하는 자연정화공원이라고 한다. 연꽃이 진흙탕 속에서도 아름다운 꽃을 피워낸다고 해서 '부활'을 상징한다고 하던데 그 의미 그대로다. '물을 보면서 마음을 씻고, 꽃을 보면서 마음을 아름답게 하라'는 뜻의 이름 또한 운치가 느껴진다.

태극기 모양의 대문을 지나 징검다리를 건너니 한반도 모양의 연못이 나타난다. 연못을 채운 짙은 녹색의 수면 위, 곳곳에 떠 있는 수련이 나를 반긴다. 노란색 저고리에 하얀 비단 치마를 차려입은 듯 흙탕물 위 그 자태가 선명하게 곱다. 진짜 볼거리는 연못을 지나면 펼쳐진다. 온 들판이 다 초록빛 연잎으로 가득하고 그 사이사이 핀 수많은 연꽃은 콧대를 높이고 미모를 뽐내기 바쁘다. 선홍빛으로 곱게 물든 얼굴은 열여덟 소녀같이 화사하고 바람에 나풀대는 꽃잎은 그네에 올라탄 치마만큼이나 발랄하다. 카메라 셔터를 누르는 손을 멈출 수 없게 만드는 풍경이다.

때마침 서유기에 나오는 파초선 부채만큼 커다란 연잎 위에 매달렸던 물방울이 또르르 굴러 떨어진다. 저 물방울도 다시 정화되어 한강으로 흘러들겠지. 오랜만의 드라이브를 마치고 집으로 돌아가는 길, 한강은 언제나 그렇듯 그 모습만으로도 아름답다.

두물머리 :

남한강과 북한강의 두 물줄기가 합쳐진다고 해서 두물머리라 한다. 이른 아침의 물안개와 더불어 일몰과 설경 또한 아름답다. 사진 동호인들이 손꼽는 출사지이자 영화나 드라마 촬영지로 자주 이용되는 명소.

배다리 :

세미원과 두물머리를 연결하는 다리로 배를 잇달아 띄워놓고 그 위에 널판을 건너지른 것이다. 조선 후기 정조대왕이 아버지 사도세자의 묘소인 현륭원을 찾기 위해 한강을 건널 때 수십 척의 배를 연결해 만든 것을 재현한 것으로 길이 245m 구간을 모두 52척(예비용 8척 포함)의 실제 선박으로 이어 만들었다.

예전보리밥 :

세미원과 양수역 사이에 있는 식당. 보리밥에 여러 가지 야채를 넣고 된장에 쓱쓱 비벼 먹는 맛이 일품이다. 직접 쑤는 묵으로 만드는 묵밥과 돌미나리전도 인기 메뉴다.
031-771-4359

16)

덕수궁 :

태양을 피해 배롱나무꽃 향기 속으로(중구 정동)

writer's tip
'점심시간 관람권'은 입장시간(12시~2시)만 잘 지키면 석달 동안
10번 입장이 가능하다. 5대궁 통합권(1만원)도 추천.
24세 이하는 무료 입장이다.

가는 방법	수많은 대중교통 노선이 덕수궁을 지난다. 버스와 지하철 모두 선택의 폭이 넓다. 덕수궁에는 주차공간이 따로 없다. 1/2호선 시청역 2번 출구 도보 1분, 2호선 을지로입구역 1번 출구 도보 5분.
규모/소요시간	조선의 마지막 황궁으로 조선시대 궁궐 가운데 가장 규모가 작다. 제일 먼저 근대 유럽의 고전주의 건축양식을 받아들인 진취적 궁궐로 유럽식 건물이 이국적이다. 무료 안내 프로그램은 1시간 정도 걸린다.
추천시기	평일 오후, 한낮의 더위를 피해 찾으면 고궁의 고즈넉함까지 만끽할 수 있다. 대한문에서 열리는 수문장 교대식은 매일 11시, 2시, 3시 30분에 있다. (월요일 제외)
개화시기	배롱나무 7~9월
편의시설	총 세 곳의 화장실이 있고 간단한 식음료를 파는 매점을 비롯해서 자판기와 식수대도 마련되어 있다. 궁으로 들어가자마자 오른편에 '돌담길'이라는 카페가 있는데 연못 정원을 바라보며 마시는 커피가 꽤 운치 있다.
주소/문의	서울시 중구 정동 5-1, 771-9951

한여름의 태양에 맞선 배롱나무의 자태가 햇빛을 받아 더욱 아름답다.

가수 비가 부른 '태양을 피하는 방법'이란 노래가 있다. 한여름에 참 잘 어울리는 계절송이다. 여름에 나오는 수많은 노래들이 해변과 여행을 외치지만 실상은 도심의 찌는 듯한 더위 속에서 쓰러지기 일보 직전이니 말이다. 따가운 태양을 피하기만 해도 살 것 같은 기분, 아마 누구나 공감할 수 있을 것이다. 더군다나 한여름 최고 온도는 매년 기록경신 중이며, 여기에 한술 더 떠 유례없는 전력난에 높아만 가는 전기세가 무서워서 에어컨도 마음 놓고 못 켜는 현실. 불쾌지수는 높아지고 체력은 바닥나기 일쑤다.

서울시에서 한낮의 온도를 측정했는데, 공원의 온도가 도심보다 최소 4~6도가 낮다고 한다. 숲이 직사광선을 차단하고 널찍한 공간이 복사열을 막아 열기를 식혀준다던가. 그래서 우리에겐 녹지가 필요하다. 요새는 서울 곳곳에 공원이 많아져서 그나마 다행이다. 자주 가게 되는 도심 한복판에도 쾌적한 공원이 몇 군데 있는데, 나에게 여름의 피신처는 바로 덕수궁이다.

몇 년 전, 덕수궁미술관에서 보고 싶은 전시회가 열려서 무더위를 뚫고 덕수궁을 찾았다. 어찌나 더운지 어지러울 정도였는데, 덕수궁 안에 들어서자마자 더위가 서서히 가시는 것이 아닌가. 궁의 역사만큼이나 오래된 나무들이 드리운 견고한 그늘 덕에 따가운 햇볕을 피해 땀을 식혀가며 미술관에 무사히 입장할 수 있었다. 에어컨 바람을 쐬어 가며 쾌적한 관람을 마치고 미술관을 나오면서 태양의 습격을 걱정했지만 기우였다. 시원한 등나무 벤치와 분수가 나를 기다리고 있었다. 그늘 아래 앉아 물개 모양의 분수가 내뿜는 물줄기를 바라보고 있으니 마치 상큼한 디저트를 맛보는 기분이었다. 마치 레몬 샤베트처럼.

올해 여름에도 어김없이 덕수궁을 찾았다. 입장료 단돈 천 원이 드는 비용의 전부다. 거저나 다름없는 입장료와(다른 고궁에 비해서도 싸다) 궁을 빼곡히 둘러싼 고목들이 엮어내는 두껍고 촘촘한 그늘, 고풍스러운 미가 넘치는 쾌적한 미술관과 서양식 정원과 분수가 보이는 등나무 벤치까지, '실속 만점의 여름 피서 패키지'가 여기 있다.

여기에 하나를 더 추가해야 한다. 미술관 앞 등나무 벤치에 앉아 유럽 궁전과도 같은 석조전을 가만히 바라다보면 유독 여름에만 발견할 수 있는 시즌 핫 아이템이 있다. 한여름 작열하는 태양에 맞서 더욱 붉게 타오르는 배롱나무 꽃이다. 하얀 생크림 케이크에 빨간 자두를 올려 완성시키듯, 창백한 석조전에 붉디붉은 배롱나무 꽃이 생기를 불어넣어 덕수궁 한

여름 풍경을 완성시킨다.

배롱나무는 백일동안 꽃이 피고 진다고 해서 백일홍나무라고도 하고, 줄기를 건드리면 간지러운 듯 가지를 흔든다고 해서 간지럼나무라고도 불린다. 스스로 껍질을 벗는 속성이 있어 예로부터 청렴의 상징이었다고 한다. 그래서 서원이나 사찰에 많이 심었다. 한여름에도 태양에 맞서 꽃을 오랫동안 피워내기 때문에 정원수로도 사랑을 받아 관공서나 학교 뿐만 아니라 도심 곳곳에서 찾아볼 수 있다.

온 가지마다 대롱대롱 매달린 소담스러운 붉은 꽃에 홀려 등나무 벤치를 벗어나 석조전 앞까지 가본다. 연지곤지를 찍듯 석조전을 가운데 두고 꽃이 울창한 배롱나무가 왼쪽에 한 그루, 오른쪽에 한 그루다. 임금을 모시던 나무라 그런지 기품부터 남다르다. 크기부터 위엄이 느껴지는 오래된 배롱나무에 새살이 돋듯 생생하게 붉은 꽃잎이 가지마다 풍성하다. 무거워 보이기까지 하는 이 풍성한 가지를 매끈하고 날씬한 줄기가 밑에서 단단히 받치고 있다. 충성스럽고 강직한 선비의 면모를 이 덕수궁 배롱나무에서 엿볼 수 있다.

　사람은 물론 온 생명이 더위에 지쳐버린 한여름에 이토록 선연하게 꽃을 피워내는 배롱나무가 신기할 뿐이다. 배롱나무만의 여름을 이기는 묘약이 따로 있는 걸까. 모두가 그늘로 숨어든 한여름, 꼿꼿이 태양에 맞선 배롱나무의 자태가 햇빛을 받아 더욱 빛난다.

덕수궁 미술관 :
1938년에 건립된 석조전 서관이다. 1986년까지 국립현대미술관으로 사용되다가 과천으로 국립현대미술관이 이전하며 국립현대미술관 분관인 덕수궁미술관으로 재개관하였다. 미술관 외관부터 시작해서 내부 구조와 창문 등 구석구석에서 유럽의 근대건축양식을 엿볼 수 있다. 근대 및 현대미술 관련 기획전이 많이 열린다.

유림면 :
3대째 이어지는 50년 전통의 국숫집. 비빔메밀과 메밀국수가
유명한데 메밀은 봉평에서 가져온다고 한다. 볶은 소고기가
올라간 양념장에 비벼 먹는 비빔메밀이 쫄깃해서 맛있다.
755-0659

서울시립미술관 :
덕수궁 뒤편, 옛 대법원 터에 위치한 서울시립미술관은 샤갈,
마티스, 피카소, 반 고흐, 고갱 등과 같은 세계적인 대가들의
특별전과 더불어 다양한 기획전시가 열린다. 1920년대에
지어진 옛 대법원 건물의 전면부를 그대로 보존한 채 신축하여
고전적이며 동시에 현대적인 아름다움을 지니고 있다.

서울도서관 :
서울시 옛 청사의 일부를 리모델링하여 도서관으로
재개관했다. 20만여 권의 장서를 자랑하는 서울을 대표하는
도서관이다. 1926년 건립되어 해방 이후 줄곧 서울시 청사로
쓰인 건물로, 그 자체로 역사적 의미가 있다.

17)

조계사 :

국화와 함께 가을을 느끼다(종로구 견지동)

writer's tip
더치커피를 좋아한다면 조계사에서 꼭 한 잔 마시고 가자. 경내
한쪽에 있는 카페 '가피'에서 파는 더치커피는 맛도 맛이지만
1000원이라는 가격이 감동적이다.

가는 방법	조계사는 종로와 인사동 사이에 있다. 종각역과 안국역에서 모두 걸어서 5분이면 갈 수 있다. 1호선 종각역 2번 출구 도보 5분, 3호선 안국역 6번 출구 도보 5분. 조계사 경내에 주차장이 있지만 좁고 가격도 비싸다.(10분당 1000원). 입구 오른쪽에 있는 총무원 주차장이 1시간에 3천원으로 더 저렴하다.
규모/소요시간	사찰의 규모가 큰 편은 아니지만 대웅전에 모신 부처는 무척 크고 웅장하다. 근처에 볼 일이 있을 때 짬을 내서 구경해도 충분하다.
추천시기	국화축제는 10월부터 11월 초까지 이어진다. 해가 뉘엿하게 넘어가는 늦은 오후에 국화의 아름다움을 입체적으로 감상할 수 있다.
개화시기	국화 10~11월
편의시설	조계사와 우정총국 사이에 화장실이 깔끔하다. 경내에서 간단한 음료를 판매한다.
경사정도/복장	복장은 크게 신경 쓰지 않아도 좋다. 데이트 코스로도 손색없다.
주소/문의	서울시 종로구 견지동 45, 768-8600

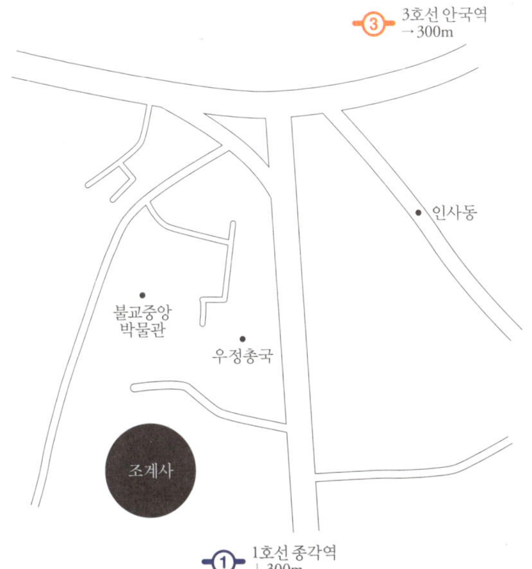

국화는 한 해를 마무리하는 꽃이다. 가을의 중턱에 곱게 피어난다.

佛子行道已來坐得
菩提樹李來亭自制

가을의 중턱인 10월, 조계사에 갔다. '국화향기 나눔전'이 열리고 있기 때문이다. 국화는 한 해를 마무리하는 꽃이다. 날로 매서워지는 바람에 아랑곳 하지 않고 화사하고 포근한 꽃을 세상에 내보인다. 서리에 굴하지 않고 절개를 지킨다는 '오상고절'이란 격언은 이런 국화를 나타내는 말이다. 사군자의 매란국죽 가운데 하나로 널리 그려졌고, 또한 세계 4대 꽃이기도 할만큼 동서고금을 막론하고 사랑을 받는 꽃이 바로 국화다. 보기도 좋고 향기도 좋을 뿐더러 몸을 튼튼히 하는 효과가 있다고 해서 국화차나 국화주로 마시기도 할 정도니 눈과 코뿐만 아니라 입과 몸까지 즐겁게 하는 '꽃의 완성체'가 아닐까?

정류장에서 불교용품을 파는 상점 몇 개를 지나니 바로 조계사 대문이다. 먼저 눈에 띄는 것은 그 앞에 자리한 거대한 한 그루 나무다. 부처가 깨달음을 얻었다는 보리수 나무의 조형물. 굵은 나무둥치 위로 솟은 가지마다 노란 국화꽃이 매달린 모습이 마치 어린왕자에 나오는 바오밥나무 같다. 입구에선 동자승 조형물이 미소로 환대한다. 이 아이들도 국화꽃 색동옷으로 맞춰 입었다. 윗옷은 노란 국화 위에다 빨간 국화로 멋을 냈고, 바지는 분홍색 국화로 맵시를 부렸다.

‘조계사 국화향기 나눔전’은 매년 가을 조계사에서 열리는 국화축제다. 몇 년 전부터 열리기 시작했는데 불교신자뿐 아니라 많은 사람들이 찾을 정도로 유명해졌다. 국화의 기품이 사찰의 동양적인 느낌과 잘 어울려서일까, 경내에 들어서니 경내를 가득 메우고 있는 국화에 감탄이 절로 나온다. 은은한 국화향이 나를 감싸고 돈다. 중앙 대웅전 앞에는 국화 화분을 층층이 쌓아올려 국화꽃 벽을 만들었다. 꽃을 색깔별로 맞춰서 높낮이를 다르게 하니 경쾌한 리듬이 느껴진다. 화분의 꽃 하나하나마다 누군가의 이름과 함께 각자의 소원이 적혀있다. 건강, 합격, 화목, 승진 등 특별하지 않은 보통의 소원에서 소박한 행복의 기운이 전해진다.

사실 조계사에는 터줏대감이 있는데 바로 마당 한복판에 서있는 백송과 회화나무다. 두 나무 모두 나이가 500년 가까이 된 고목이다. 세월의 두께는 나무에 위엄과 기품을 입혔다. 우아함마저 풍기는 회백색의 백송과 인고의 세월을 헤쳐나온듯 단단함이 엿보이는 회화나무는 그 500년의 존재 자체로, 여기가 불교 조계종의 총본산임을 일깨워준다. 회화나무의 밑둥에는 하얀 국화가 줄줄이 감겨있는데, 검게 그을린 고목에 작고 뽀얀 꽃

들이 매달린 모습이 마치 손주를 안고 노는 할아버지 같다. 엄숙한 절에서 열린 이 발랄한 국화들의 잔치가 시골에 놀러온 손주의 재롱잔치로 돌변하는 순간이다.

어느새 해는 저물어 회화나무의 그림자가 온 마당을 뒤덮었다. 경내를 빠져나오는데 대웅전 맞은편에서 스님들이 국화빵을 만들어 팔고 있다. 축제 때만 하는 모양으로 회색 승복의 스님들이 직접 반죽을 붓고 앙금을 넣어 국화빵을 만들어준다. 국화 축제에서 먹는 국화빵이라! 맛보지 않을 수 없어 줄을 섰다. 다들 나와 같은 생각인지 줄이 꽤 길다. 십여 분을 기다리고 있는데 스님 한분이 내게 오더니 준비한 재료가 떨어져 내가 마지막일 것 같단다. 안도의 한숨을 쉬고는 손을 비비며 국화빵을 기다려본다. 김이 모락모락 나는 국화빵을 드디어 받아들었다. 1000원에 5개. 말 그대로 1000원의 행복이다. 별다를 거 없는 작은 국화빵이지만 맛있다. 그러고보니 수많은 꽃 중에 유일하게 자기 이름을 딴 빵이 있는 국화다. 역시 '오상고절'이구나.

불교중앙박물관 :
대한불교조계종이 2007년에 개관한 불교전문박물관이다.
전국 각 사찰에서 수장하기 어려운 불교문화재를 보존하고
전시하기 위하여 만들어졌다.

인사동 :
북촌과 종로 사이에 위치한 전통문화의 거리. 조선시대엔 주로
중인들이 살던 주거지역이었고 조선 미술활동의 중심지로
형성되었다. 지금도 화랑, 골동품점, 공예품점과 전통찻집과
전통음식점이 많아 외국인 관광객이 많이 찾는다. 주말에는
차없는 거리를 운영해서 산책하기 좋다.

우정총국 :
우리나라 최초로 근대적인 우편업무를 실시하기 위해 설치된
관청이자 갑신정변의 무대이기도 하다. 우정총국 앞에 있는
우체통은 '느린우체통'인데 편지를 1년 후에 배달해주는
점이 재미있다. 편지지와 봉투는 무료로 제공하니 한번
시도해보자.

부천 자연생태공원 :

국화가 선물하는 앵콜공연(원미구 춘의동)

writer's tip
축제기간에는 찾는 사람이 많아 주차가 쉽지 않다.
주말에 간다면 마음 편히 지하철을 타자.

가는 방법	서울의 강서권과 가깝고, 지하철 7호선이 있어서 서울에서도 금방 갈 수 있다. 7호선 까치울역 1번 출구 도보 5분. 공원내 주차장을 이용하면 된다.(최초 2시간 1000원)
규모/소요시간	국화축제는 자연생태공원 중앙에 있는 정원에서 진행되는데, 이외에도 유료로 운영되는 자연생태박물관과 식물원, 무료인 수목원과 어린이동물원, 농경유물전시관 등 다양한 즐길거리가 있다. 모두 둘러보려면 반나절은 예상해야 한다.
추천시기	축제는 10월 중순부터 2주 정도 이어진다. 첫날과 둘째날에는 어린이인형극, 마술쇼 등 아이들을 위한 행사가 열린다.
개화시기	국화 10~11월
편의시설	자연생태박물관 안에 매점이 있고 뒤편에는 화장실이 있다. 정원이 끝나며 이어지는 수목원 앞쪽에도 화장실이 있다.
경사정도/복장	전체적으로 길이 잘 정돈되어 있어서 걷기 좋다. 축제가 야외에서 진행되는데다 공원이 드넓어서 바람을 피할 곳이 별로 없다. 옷은 좀 두껍게 입고 가자.
주소/문의	부천시 원미구 춘의동 381, 032-320-3000

부천 자연생태공원에는 4만여 점이나 되는 온갖 종류의 국화를 심어놓았다.

거리에 나뭇잎이 떨어지고 붕어빵 장수가 하나 둘 보이기 시작하면 계절이 바뀜을 실감하게 된다. 서늘한 바람에 실려 조용히 가을이 다가오고 여름은 갑자기 떠나간다. 봄과 여름에 앞다투어 피던 꽃들도 다 어디로 숨어버렸는지 황량함마저 감돈다. 외투를 두텁게 챙겨입은 행인들의 모습에선 무채색 겨울의 기미가 벌써부터 엿보인다. 아, 꽃 생각이 더욱 간절해진다. 그래서 찾은 곳이 바로 부천 자연생태공원이다.

부천 자연생태공원에서는 매년 국화축제가 열린다. 공원에 들어서자 소풍 나온 아이들의 깔깔대는 소리가 여기저기서 울려퍼진다. '병아리 짹짹, 오리 꽥꽥'하며 제멋대로 행진하는 아이들의 힘찬 구호를 나도 모르게 소리내어 따라해본다. 동심으로 돌아가는 마법의 주문이라도 외듯이. 주위를 돌아보니 아이들이 신이 난 이유가 있다. 바로 앞에선 코끼리가 코를 들어올리고, 그 옆에선 기린이 풀을 뜯으며, 맞은편에선 백조가 날아오를 채비를 한다. 마치 동물원에 온 것 같은 착각이 든다.

알고 보니, 부천 자연생태공원에서 열리는 국화축제는 매년 콘셉트가 다른데 올해는 바로 '동물농장'이란다. 그래서 온갖 동물을 본뜬 크고 작은 조형물들이 국화옷을 곱게 차려입고 우리를 기다리고 있는 것이다. 아이들도 반응이 확 달라진다. 자신들이 좋아하는 동물을 발견하고는 환호성과 함께 달려든다. 가까이에 가선 국화꽃의 알록달록한 색감이 신기하고, 은은한 향기가 마음에 드나보다.

아이들의 미소에 화답하듯, 맑은 하늘 한가운데 걸린 태양이 햇살을 공원 가득 내려보낸다. 오전 내내 매섭던 바람은 어느새 가시고, 포근한 기

운만 머무르는 평화로운 오후다. 사람들은 하나 둘 무거운 외투를 벗고, 가벼워진 몸으로 경쾌하게 공원을 누빈다.

축제답게 4만여 점이나 되는 온갖 종류의 국화를 심어놓았다. 구경하느라 눈이 바쁘고 화려한 색깔놀이에 마음도 흥겹다. 그중에서도 가장 눈에 들어오는 건 동그란 국화다. 크기가 딱 탁구공처럼 조그맣고 털모자에 달린 방울처럼 아담하니 귀엽다. 특히 노란색 꽃은 동그란 모양에 발랄한 색깔을 입히니 유치원생만큼이나 깜찍한데, 그 앞으로 진짜 유치원생들이 노란 바지를 입고 뛰논다.

벌들은 바쁘게 국화들을 오가며 꽃가루를 배달하고, 분수는 공원 구

석구석까지 햇빛을 산란시킨다. 우연히도 분수 옆이 고래 조형물이다. 노란 국화로 화사하게 치장한 고래 뒤로 분수가 겹치니 새로운 풍경이 보인다. 분수는 고래에게 바다가 된다. 힘차게 물줄기를 뿜어올리는 노란 고래를 발견한 아이들은 시끌벅적 친구들과 선생님께 이야기한다.

자연생태공원 뒤로는 수목원이 바로 이어지는데 이름이 '무릉도원' 수목원이다. 이 세상을 떠난 별천지를 이른다는 그 이름이 계절을 잊은 이곳과 참 잘 어울린다. 수목원까지 구경을 마치고 나오면서 자꾸 뒤돌아보게 된다. 올해 꽃구경도 이제 마지막이란 생각 때문이다. 희미해진 봄의 기억을 다시금 일깨워준 국화의 앵콜 공연에 박수를 보내며 내년을 기다려본다.

부천식물원 :
부채처럼 펼쳐진 건물 모양이 인상적인데, 부천시 상징인 복사꽃 모양을 형상화하여 유리 온실로 건축한 것이라고 한다. 중앙정원을 비롯하여 5개의 테마식물관으로 구성되어 있다.

무릉도원 수목원 :

정원을 지나서 연못을 건너면 무릉도원 수목원이 이어진다.
연못에 있는 절리석 폭포가 현실세계와 이상세계를
구분한다고 한다. 한적하게 탁 트인 자연을 감상할 수 있다.

자연생태박물관 :

국화축제가 열리는 정원의 입구에 빨간 무당벌레가 붙어있어
주목을 끄는 건물이 자연생태박물관이다. 공룡탐험관과
3D입체영상관이 있어 아이들로부터 인기가 높다.

까치울(작동) 먹거리촌 :

자연생태공원 근처에는 먹을 곳이 마땅치않은데 조금 나오면
까치울먹거리촌이 있다. 경기도 음식문화 특화거리로 지정된
곳으로 한정식을 비롯해서 삼계탕이나 오리고기 등을 맛보며
전원마을의 푸근함을 느낄 수 있다.

걷고
싶은
서울
단풍길

월드컵공원 하늘공원 :

하늘에 닿는 곳, 억새 숲길(마포구 상암동)

writer's tip
걷기에 자신이 없다면, 난지천공원 주차장에서 맹꽁이
전기차를 이용하자.(편도 2천원, 왕복 3천원)

가는 방법	월드컵공원에서 가장 높은 곳에 있어서 지하철이나 자동차에서 내려서 어느 정도 걸을 각오를 해야 한다. 하지만 멋진 전망이 고생을 보상해준다. 6호선 월드컵경기장역 1번 출구 도보 30분. 하늘공원이나 노을공원 주차장을 이용하는 편이 좀더 가깝다.(10분에 300원, 신용카드 무인정산 주차장)
규모/소요시간	면적은 19만㎡(약 5만 7천평)이지만, 탁 트여서 훨씬 넓어 보인다. 한 바퀴를 도는 데에도 한두 시간은 훌쩍 간다.
추천시기	억새축제는 매년 10월 중순에 열린다. 축제기간엔 사람이 몰리니 주말보단 평일이 좋고, 축제 시작 전인 10월 초나 축제 후인 11월 초가 좋다. 오후에 도착해 일몰 감상코스를 추천한다.
편의시설	입구에 있는 탐방객 안내소에 매점과 화장실이 있다. 공원 곳곳에도 음수대 및 간이화장실이 준비되어 있다.
경사정도/복장	공원까지 오르는 것도 그렇지만, 억새숲 사이로 난 흙길을 밟기 위해서는 편한 신발이 좋겠다. 강에서 불어오는 바람이 쌀쌀할 수도 있다.
주소/문의	서울시 마포구 상암동 482, 300-5500

하늘공원에 오르면 억새 카페트 너머로 펼쳐진 시원한 풍경을 볼 수 있다.

하늘만 쳐다봐도 기분 좋은 날이 있다. 가을엔 유독 그런 날이 많다. 이럴 때 가볼만한 곳이 바로 하늘공원이다. 하늘공원. 그 이름 그대로 하늘과 맞닿은 곳. 쓰레기 매립장이었던 난지도를 복원하여 월드컵경기장 주변에 조성한 다섯 개 공원 중 하나다. 난지도에서 가장 높은 곳에 있다. 높은 만큼 전망도 훌륭하다. 남쪽으론 한강, 북쪽으론 북한산이 보이고 동쪽으로는 남산과 63빌딩이, 서쪽으론 행주산성까지 서울의 풍광이 한눈에 들어온다. 탁 트인 곳에서 내려다보는 서울은 생각보다 훨씬 근사하다.

물론 이 전망을 누리기 위해서는 그만큼의 수고도 필요하다. 월드컵경기장역으로 나와 경기장 맞은편 평화의 공원에서 하늘공원과 연결된 육교를 건너야 한다. 육교를 건너면 까마득한 계단이 보인다. 일명 하늘계단이다. 최단코스인 동쪽 계단도 최소한 291개의 계단(서쪽은 425개)을 딛고 올라서야 한다. 데이트한다고 하이힐이라도 신었다간 신발을 집어 던질지도 모른다. 또한 여름에는 흘린 땀에 비해 전망이 초라하게 느껴질 수도 있다. 하지만 가을이 되면 이야기는 180도로 달라진다. 사람이 너무 많아 하늘계단 대신 시간이 두 배는 걸리는 길로 직원이 우회시킬 정도지만 모두가 개의치 않고 즐겁게 걷는다(하늘계단은 내려오는 길로만 이용). 비밀은 억새에 있다. 매년 가을 하늘공원에서 억새축제가 열리기 때문이다.

억새는 갈대와 형제다. 볏과에 속하는 풀로 가을에 꽃이 핀다. 다만 갈대는 강가와 습지에서 자라지만, 억새는 산과 들에서 자란다. 갈대의 꽃은 갈색으로 물들지만, 억새의 꽃은 하얗게 익어간다. 잘 정돈된 백발같이 곱다. 끝없이 펼쳐진 하늘과 함께 억새가 빛을 받아 은빛으로 대지를 물들이는 풍경은 하늘공원에서 누릴 수 있는 특권이다. 그것도 가을에만. 그래서 인지 평소엔 워낙 넓어 한적한 하늘공원에 억새축제 기간이 되면 사람들이 구름같이 몰려든다.

공원에 올라 가장 먼저 눈에 띄는 것은 30미터 높이의 거대한 바람개비다. 풍력 발전을 위해 세워진 바람개비는 바람의 재촉에도 아랑곳하지 않고 천천히 고개를 까닥인다. 그 아래론 억새가 작은 바람에도 풀썩거리며 쉴 새 없이 출렁거린다. 억새가 연주하는 노래에는 저무는 가을에 대한 아쉬움과 한 해의 수고를 격려하는 따스함이 공존한다. 바람도 억새 가지에 앉아 잠시 연주를 감상하다 다시 갈 길을 떠난다. 억새와 바람이 스치는 소리를 뚫고 귀뚜라미가 운다.

억새를 가까이서 보면 보드라운 양털실로 짠 스웨터 같다. 보고 있으면 만지고 싶은 마음에 자연스레 손이 간다. 하지만 조심하자. 억새 잎에 아주 작은 가시가 있어 손을 벨 수도 있기 때문이다. 억새숲 사이로 걷다 보면 숲 한가운데에 놓인 커다란 그릇이 보인다. 정확히는 '하늘을 담는 그릇'이란 이름을 가진 전망대다. 철제로 만든 3단 데크 전망대인데 밥공기처럼 생겼다. 억새숲에서 전망대를 올려다보면 그 이름 그대로 푸른 하늘을 고스란히 담아내고, 전망대에 오르면 억새 카페트 너머로 서울의 건물들이 아스라이 펼쳐진다. 어느덧 태양이 성큼 곁에 선다. 햇빛은 느릿하게 와서 억새의 털실 사이에서 오래 머문다. 하늘거리던 억새의 윤곽이 선명해지고 하늘은 어느덧 붉어진다. 석양과 함께 이 가을이 아름답게 저물어간다.

억새를 이웃하고 가을 코스모스가 한켠에서 피어난다.

억새는 작은 바람에도 쉴 새 없이 출렁거린다.

주변정보

메타세콰이아 길 :

하늘공원 아래에, 강변북로 옆으로 난 메타세콰이아 길도 또다른 명소다. 하늘계단에서
강변북로를 향해 걷다 보면 하늘 높이 솟은 메타세콰이아 나무가 늘어선 길을 어렵지
않게 찾을 수 있다. 900여 미터를 시원하게 뻗은 산책로는 강변북로의 번잡함을 잊을 만큼
한적하다.

노을공원 :

월드컵공원의 가장 서쪽에 자리 잡은 공원. 서울의 서쪽
끝이기도 하다. 넓은 잔디밭을 자랑하는 이곳에서 서울의
하루가 저무는 풍경을 감상해보자. 잔디 위의 조각 작품들도
멋지다.

월드컵경기장 :

2002년 월드컵 개최를 목적으로 건설된 축구 전용 경기장.
아시아 최대의 축구 전용 경기장이기도 하다. 현재는 국내외
국가대표 경기와 각종 대형 콘서트, 문화행사가 펼쳐진다.
대형할인점, 영화관, 스포츠센터, 커피숍 등의 시설이
들어와 있고, 월드컵 홍보관에서는 월드컵 당시 선수의 정보,
선수대기실, 주요 장면을 볼 수 있는 월드컵 영상실 등이
마련되어 있어 2002년 월드컵의 감동을 다시 느낄 수 있다.

남산 북측순환로 :

서울 단풍의 시작은 남산에서(중구 예장동)

writer's tip

북측순환로와 함께 서울타워까지 볼 생각이면, 먼저 순환버스를
타고 남산 꼭대기까지 올라가서 서울타워를 구경한 뒤에 걸어
내려와서 북측순환로로 가는 편이 낫다.

가는 방법	남산 북측순환로는 차가 다니지 않는 길이다. 입구까지는 지하철에서 순환버스로 갈아타거나 자동차로 국립극장까지 와서 걸어 올라가야 한다. 3호선 동대입구역 6번 출구에서 순환 02, 03, 05번 버스로 환승. 국립극장 주차장 이용 가능 (10분에 500원).
규모/소요시간	북측순환로는 3.7km 정도지만, 순환로를 포함한 남산공원은 남산 전체라 할 정도로 크다. 남산 꼭대기 서울타워까지 올라갈 생각이라면 최소 2~3시간은 예상해야 한다.
추천시기	서울에서 가장 빨리 단풍이 드는 곳 중 하나다. 10월 중순부터 단풍이 물들기 시작한다. 10월 말부터 11월 초 사이에 가면 단풍의 절정을 볼 수 있다.
편의시설	순환로 입구 장충체육회 부근에 화장실과 약수터가 있다. 순환로 중간에도 화장실과 음수대가 있다.
경사정도/복장	북측순환로는 대부분 잘 포장되어 있지만, 아무래도 산인만큼 오르막과 계단이 곳곳에 있으니 편한 복장으로 가는 것이 좋다.
주소/문의	서울시 중구 예장동 산 5-85, 3783-5900

서울의 단풍 소식은 남산부터다. 도심으로 울긋불긋하게 번져나간다.

아침부터 까치가 운다. '까치가 울면 반가운 손님이 온다'는 옛말 때문인지 잠을 깨우는 까치 소리가 마냥 밉지는 않다. 외출하기 전 일기예보를 확인하는데 반가운 손님이 여기 있다. 10월 셋째 주부터 서울에도 단풍이 시작되었다는 소식이다. 올해의 단풍 시즌 돌입을 알리는 반가운 뉴스! 카메라를 꺼내 손질하고 단풍놀이를 위한 만반의 준비를 한다.

단풍은 낙엽 직전에 이루어진다. 삶의 마지막을 예감이라도 하듯, 나뭇잎은 자신의 생애에서 가장 화려한 옷으로 갈아입고는 다 같이 모여 성대한 파티를 연다. 모두가 앞다투어 춤추며 자신의 원숙한 아름다움을 한껏 뽐낸다. 곧 닥쳐올 비극적 죽음을 예비해두었기에 이들의 파티는 더욱 화려하다. 그리고는 어느 순간, 묵묵히 파티장을 떠난다. 남는 것은 빛바랜 드레스뿐이다. 단풍과 낙엽은 영화의 한 장면 같이 드라마틱하게 이어진다.

서울의 대표 단풍 명소는 바로 남산이다. 시내 한복판에 우뚝 선 남산의 봉우리부터 시작되는 단풍은 서울의 빌딩숲까지 울긋불긋하게 물들일 기세로 번져나간다. 이런 남산의 변화를 도심을 오가는 수많은 사람이 모를 리 없다. 이렇게 눈에 띄기 쉬운 지리적 특성이 있어 단풍 소식은 언제나 남산부터다.

남산에서도 좋은 곳을 꼽자면 북측순환로다. 북측순환로는 차가 다니지 않는 보행자 전용도로인데다 단풍 시즌에는 낙엽을 쓸지 않아 깊어가는 가을을 만끽하며 산책하기 그만이다. 그래서 오늘 단풍놀이도 여기부터 시작이다. 충무로 대한극장 앞에서 순환 02번 버스를 타니 네 정거장 지나 북측순환로 입구에 도착한다. 퇴계로를 지나 동대입구역부터 남산을 오르는데, 노란 버스의 창문 밖으로 보이는 풍경이 온통 노랗다. 차도 옆 보행로는 전부 은행잎 차지다. 국립극장까지 이어진 노란색 주단을 보니 단풍에 대한 기대감이 한껏 높아진다.

버스에서 내리자마자 가방에서 카메라를 꺼내 둘러메고 달려가본다. 북측순환로 입구부터 파티는 떠들썩하다. 은행나무는 노란 부채를 흔들며 웃으며 맞이하고, 분홍색 벚꽃으로 눈부셨던 벚나무는 화사한 주황색 드레스로 옷을 갈아입었다. 가을이 되길 목 빠지게 기다렸을 단풍나무는 붉은 드레스로 미모를 과시한다. 오후 들어 너그러워진 햇살은 따스한 후광으로 파티 분위기를 한층 돋운다. 산책로를 가득 메운 단풍 너머로 멀리서 남산타워가 얼굴을 빼꼼히 내놓았지만 오늘만큼은 단풍이 주인공이라 사진 찍을 때도 초점을 나뭇잎에 맞춘다.

“낙엽을 쓸지 않습니다.” 산책로 펜스에 걸린 플래카드가 단풍뿐만 아니라 낙엽 역시 또 다른 주인공임을 알려준다. 낙엽이 길 전체를 가득 덮었다. 떨어진 잎들도 가을의 낭만을 연출하는데 한몫을 한다. 말끔하게 포장된 도로가 구수한 산길로 변신했다. 걸음을 내디딜 때마다 화답하듯 바스락거리는 소리는 차가 다니지 않아 그런지 유난히 선명하게 들린다. 슥슥 바스락 바스락. 낙엽 소리는 종이와 닮았다. 종이를 넘기는 소리, 종이에 연필이 스치는 소리, 그리고 종이가 구겨지는 소리. 보내지 못한 편지의 질감과 닮았다. 발밑에서 바스락거리는 낙엽의 소리를 들으며 '흐린 가을 하늘에 편지를 써'라는 노래가 떠오른 건 그 때문일지도 모른다. 노래를 흥얼거리며 낙엽을 밟아나간다.

다시 고개를 드니, 파란 하늘 아래 붉은 단풍잎이 쏟아질 듯 가득하다. 온 힘을 다해 붉게 물든 단풍을 보고 있으니 살짝 감상적인 기분까지 든다. '오늘이 삶의 마지막 날인 것처럼 하루를 살자'고 다짐하면서 그렇게 살지 못하는 내가 부끄러워서인지, 산책로를 빠져나오는 내 뺨도 단풍을 따라 빨개졌다.

N서울타워 :
남산 정상에 있는 전망대이자 전파송출용 탑이다.
남산타워라고도 부른다. 높이는 236.7m(해발 479.7m)로 서울 시내 전역을 내려다 볼 수 있다. 전망대 외에도 전시관, 식당, 카페 등이 있다. 가장 꼭대기에 있는 식당은 바닥이 48분마다 한바퀴 회전하여 360°의 전망을 자랑한다. 3455-9277

국립극장 :
정식명칭은 국립중앙극장. 장충동 남산 중턱에 있는
우리나라를 대표하는 공연장이다. 대극장인 해오름극장과
소극장인 달오름극장, 공연 성격에 따라 무대가 바뀌는
별오름극장, 원형 야외무대인 하늘극장 등으로 이루어졌다.

팔각정 :
서울타워 맞은편에 있는 정자다. 팔각정에 오르면 서울
시가지가 한눈에 보이며, 매년 새해 아침 해맞이 행사가
이곳에서 열린다.

남산도서관 :
남산공원 옆에 있는 시립도서관. 개관 90주년이 넘는 전통을
자랑한다. 5층 건물에 약 50만 권을 소장하고 있을 정도로
규모도 꽤 크다. 독서의 계절, 가을에 남산의 단풍을 벗삼아
책을 읽는 것도 괜찮겠다. 754-7338

21)

태릉 화랑로 :

청춘이여, 걸으며 하늘을 보라 (노원구 공릉동)

writer's tip
조선왕릉인 태릉과 강릉 중에 원래는 태릉만 개방했으나
2014년부터 강릉도 개방하고 있다. 태릉 관람권으로 강릉도
관람이 가능하다.

가는 방법	화랑로 중에서도 태릉입구부터 삼육대까지가 단풍길로 유명하다. 화랑대역에서부터 걸어 올라가보자. 6호선 화랑대역 4번 출구 태릉 주차장에 주차 가능.(무료)
규모/소요시간	태릉 입구부터 삼육대까지의 구간은 3.7km 남짓 된다. 걷는 데에만 한 시간 정도가 걸리니 여유를 가지고 산책해 보자.
추천시기	11월 초부터 중순까지가 단풍을 감상하며 낙엽을 밟기 좋은 때이다. 화랑로는 주말에 가도 한적한 분위기를 느낄 수 있다.
편의시설	서울여대 근처에 잠시 쉬어갈만한 카페가 몇 군데 있다.
경사정도/복장	잘 포장된 평탄한 보행로이지만, 꽤 긴 길이다. 한시간 정도 걸어도 불편하지 않게 편한 복장과 신발을 준비하자.
주소/문의	서울시 노원구 공릉동 일대, 950-3394

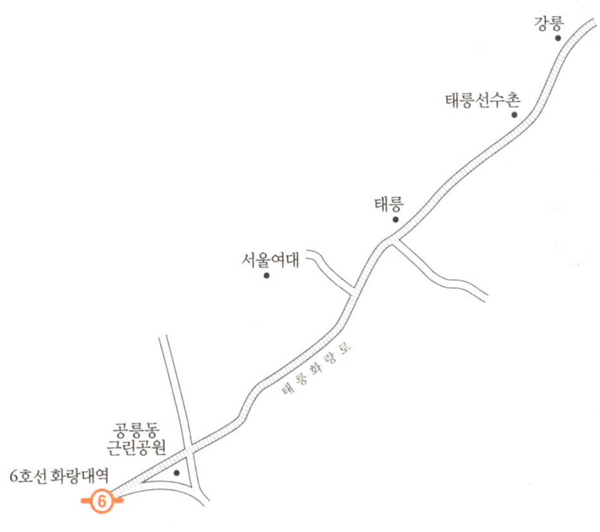

삼육대 앞 육교에서 내려다 본 화랑로가 붉게 물들고 있다.

‘태릉선수촌’이라는 드라마가 있다. ‘커피프린스 1호점’을 연출해서 유명해진 이윤정 PD가 만든 드라마로 청춘들이 태릉선수촌에서 흘리는 땀방울, 성공과 실패를 오가며 갈등하고 고민하는 모습을 그려낸 수작으로 기억된다. 그때 그 드라마의 배경이 되는 ‘태릉’이 상당히 매력적이었다. 그들이 만나고, 헤어지고, 달리고, 싸우는 장면마다 뒤로는 태릉의 풍경이 엿보였다. 어떤 날은 우거진 숲이 보였고, 어떤 날은 화려한 단풍이 보였다. 다채로운 자연의 표정 속에서 청춘은 성장하고 있었다. 같은 청춘이지만 하루종일 도서관에 처박힌 나의 배경과는 전혀 달랐다. 그때, 서울이라 믿기지 않는 태릉에 대한 막연한 로망을 품게 되었다. 드라마를 보며 느꼈던 선망을 핑계 삼아 오늘은 카메라를 들고 태릉이 있는 화랑로로 향했다.

화랑로는 성북구 하월곡동부터 노원구 공릉동까지 이르는 8.85킬로미터의 6차선 도로다. 이름은 공릉동에 있는 육군사관학교의 별명인 화랑대에서 가져왔다고 한다. 이 중 태릉 입구부터 삼육대까지의 구간이 단풍길로 유명한데, 길 양쪽으로 호위하듯 늘어선 플라타너스 가로수가 길동무처럼 든든하다. 6호선 화랑대역 4번 출구로 나와 화랑로에 발을 내딛자마자 생각지 못한 변수가 등장했다. 놀이터라 하기엔 크고, 공원이라 하기엔 작은 아담한 공릉동 근린공원이 횡단보도 건너편에 보이는데 단풍의 내공이 장난이 아니다. 이 단출한 공원이 단풍 색깔을 아주 제대로 낸다. 소나무가 초록으로 뒤를 받치고 단풍나무와 은행나무가 빨강과 노랑을 책임지니 이 세 가지 색만으로 아름다운 단풍을 보여준다. 단풍의 삼원색이라 이름 붙여도 될 만하다.

공원에서 나와 다시 화랑로를 걸었다. 길은 이미 모래 빛깔 플라타너스 잎으로 덮여있었다. 바람이 불 때마다, 파도가 모래를 실어나르듯, 바람은 낙엽을 길가에 쌓았다. 길가 벤치는 갈색 낙엽속에 잠겼다. 무채색 보도블록은 이렇게 세피아톤으로 물들었다. 바닥에 깔린 잎은 큰 손으로 발길을 자꾸 잡아챘다. 바쁜 걸음을 만류하며 여유 있게 걸으라는 충고처럼 느껴져 천천히 걸었다.

육사 삼거리에서 저 멀리 보이는 육군사관학교를 일별한 후 걷는 길부터는 서울여대의 품이다. 플라타너스 가로수와 함께 돌담 위로 매달린 덩굴이 홍조를 띠며 물들고 있었다. 육사 근처에선 볼 수 없던 카페나 팬시한 식당도 여대 앞길의 느낌을 한결 더했다. 서울여대를 지나면 화랑로의 실질적인 주인공인 태릉을 만날 수 있다. 태릉은 조선 11대 중종의 두 번째 계비인 문정왕후 윤씨의 능이다. 어린 아들 명종을 대신해 수렴청정하며 막강한 권력을 휘둘렀다고 한다. 왕비 혼자만의 무덤치고는 웅장한 규모와 클 태(太)자를 붙여 태릉이라 이름 붙인 것만 봐도 그 당시의 권세를 알 수 있다. 태릉과 강릉(아들인 명종과 부인 인순왕후의 능)은 태릉선수촌을 사이에 두고 있는데, 화랑로의 허파 역할을 한다. 능을 감싼 소나무 숲이 이곳의 공기를 여과시켜 다시 거리로 흘려보낸다. 화랑로를 걷는 내내 느꼈던 탁 트인 기분은 깨끗한 공기 때문이었을까? 태릉선수촌이 여기에 자리 잡은 이유를 알 것 같았다.

태릉을 끼고 십 분 남짓, 길 왼쪽으로 낮은 건물들이 띄엄띄엄 이어지며 태릉선수촌의 정문이 보였다. 안으로 들어갈 수 없어서 밖에서 보기만

했지만, 그 모습만으로도 가슴이 두근거렸다. 선수촌도 단풍으로 물들고 있었다. 바로 앞에 있는 큼지막한 체육관에서 훈련하는 선수들의 기합소리가 들리는듯했다. 아마 거기 그 안에 있었을 것이다. 성공에 기뻐하고 실패에 좌절하는 젊은이들이. 도서관에 박혀 취업을 고민하던 나에게 드라마는 말했다. 금메달이 아니어도 괜찮다고, 수고 많았다고. 젊은이들에게 다시 전하고 싶다. 풀죽어 땅만 보지 말고 가끔은 하늘을 보라고, 가슴을 펴고 숨 한번 쉬라고 말이다. 돌아오는 길, 육교에서 본 화랑로는 유난히 붉고 하늘은 맑았다.

공릉동 근린공원 :

화랑대역 인근에 위치한 아담한 공원이다. 놀이터보다 조금 큰, 작은 규모지만 공원
전체를 물들인 단풍이 무척 아름답다. 역에서 내려 지나는 길에 들러보자.

태릉, 강릉 :

태릉은 조선 11대 중종의 비 문정왕후의 능이며, 강릉은 문정왕후의 아들인 명종과
명종의 비인 인순왕후의 능이다. 태릉, 강릉은 조선의 16세기를 주도한 인물들이 안치되어
있는 곳으로 세계문화유산으로 지정되어 있기도 하다. 972-0370

태릉선수촌 :

국가대표 선수들의 합숙 훈련장이다. 각 경기종목의 국가대표나 예비 국가대표 선수들을
입소시켜 합숙 훈련을 하여 전력의 집중 향상을 꾀한다. 종합운동시설과 숙박시설이
갖춰져 있다.

22)

창덕궁 후원 :
시크릿 가든의 가을(종로구 와룡동)

writer's tip
창덕궁 홈페이지에서 후원 관람 예약이 가능하다. 후원 입장이
1회에 최대 100명으로 제한되어 있으니 미리 예약하자.

가는방법	창덕궁은 경복궁의 동쪽에, 북촌을 마주하고 서 있다. 안국역과 대학로 사이, 종묘 맞은 편이기도 하다. 3호선 안국역 3번 출구 도보 5분. 창덕궁 주차장 이용 가능.(관람객에 한해 무료, 요일제 적용)
규모/소요시간	창덕궁 후원의 면적은 약 20만㎡(약 6만 2천평)으로 우리나라에서 가장 큰 궁궐의 정원이다. 후원은 개인관람이 제한되어, 해설사와 함께 이동하며 90분간 관람할 수 있다.
추천시기	후원관람(한국어 안내)이 가능한 시간은 하루에 6번이다.(10시부터 15시까지, 매시 정각마다) 특히 주말 오후시간에는 사람이 많이 몰리니 조금 일찍 가자.
편의시설	창덕궁 입구에 물품보관소가 있으며 유모차나 휠체어도 대여할 수 있다. 후원 관람 중에는 부용지에서 잠시 시간이 주어지는데, 화장실을 다녀오거나 기념품이나 간단한 음료를 살 수 있다.
경사정도/복장	창덕궁 후원은 자연 그대로를 담고 있는 정원이다. 때문에 대부분 흙길이며, 언덕이나 가파른 길도 있다. 편한 신발을 신자.
주소/문의	서울시 종로구 와룡동 2-71, 762-8261

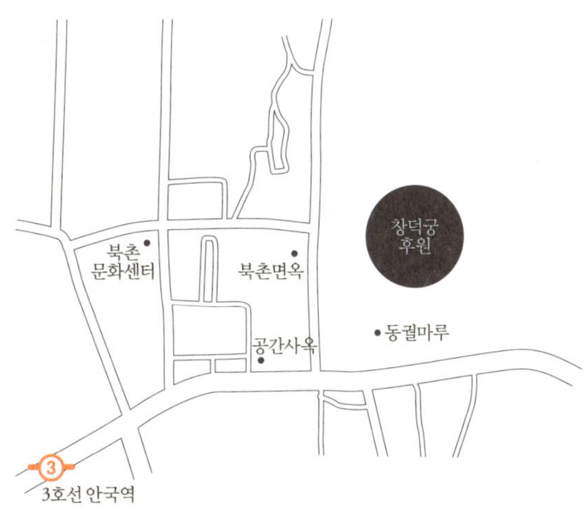

창덕궁 후원은 자연스러움을 추구하는 창덕궁의 진수를 그대로 담고 있다.

　예전에 외국인 친구들을 가이드한 적이 있다. 연세어학당에 다니는 여학생들이었는데 어디에 가고 싶으냐고 물었더니 대답은 예상 밖이었다. Secret Garden이란다. 어쩜 그렇게 낭만적인 이름을 가졌느냐며 아는 대로 설명해달라고 성화였다. 솔직히 아는 것이 없어 당황했던 기억이 있다. Secret Garden은 '비원(秘苑)'으로 알려진 창덕궁 후원의 영어 이름이다. 처음 후원에 갔을 때는 봄이었다. 5월의 신록과 함께 철쭉이 피어있고, 후원 전체가 생동하는 생명력으로 가득했다. 말 그대로 그림 같은 풍경에 감탄하며 해설사에게 후원은 언제가 가장 좋냐고 물었다. 해설사는 "가을이 좋지요, 11월쯤 단풍 들 때가 제일 아름다워요."라고 답했다. 그래서 다시 찾게 됐다. 낙엽이 거리를 덮기 시작하는 11월 초에.

　창덕궁은 경복궁 다음으로 지어진 궁궐이다. 임진왜란으로 모든 궁궐이 불에 타자 광해군 때 창덕궁을 다시 지었고, 고종이 경복궁을 중건하기까지 정궁 역할을 했다. 경복궁이 좌우 대칭을 엄격하게 지켜서 지은 건축물이라면, 창덕궁은 산자락을 따라 건물을 살짝 얹듯이 지었다. 그래서 산에 안긴 듯한 자연스러움이 풍긴다. 우리나라 궁궐 중 유일하게 유네스코 세계유산으로 등록되어 있는데, 원형이 잘 보존된 점과 더불어 자연과의 조화로운 배치가 탁월하기 때문이다.

　창덕궁의 후원은 자연스러움을 추구하는 창덕궁의 진수를 담고 있다. 이곳은 임금을 비롯한 왕족들이 휴식하던 정원으로 아무나 들어갈 수 없다는 의미에서 비원(秘苑) 혹은 금원(禁苑) 등으로 불렸다. 그래서 한결 더 신비를 자아낸다. 정원이라기보다는 자연 그대로의 숲 속에 온 기분이 들

정도로, 언덕과 골짜기가 그 모습을 고스란히 간직하고 있다. 후원에 들어서면 발걸음부터 조심스러워지는 이유도 그 때문이다.

후원 관람은 90분 정도 걸리는데 해설사의 안내에 따라 이동한다. 한국어 안내는 하루에 6번이니 시간을 잘 맞춰 가야 하는데 이날은 날씨가 따뜻해서 그런지 평일 오전 11시인데도 매표소 앞이 사람들로 가득했다. 해설사를 따라 안으로 들어갔다. 입구부터 빼곡히 들어찬 단풍의 터널을 통과해 가장 먼저 도착한 곳은 '부용지'다. 산에 안긴 듯 우거진 수풀 사이에 숨겨진 연못을 발견하고 사람들은 탄성부터 지른다. 이 깊숙한 곳까지 가을은 찾아와 연못까지 울긋불긋하게 물들이고, 자연스럽게 자리한 단아한 건물들도 운치를 거들었다.

부용지를 지나 늙지 않는다는 불로문을 통과하니 또 다른 연못이 보였다. 연꽃이 피는 연못이란 뜻의 '애련지'다. 소박한 규모의 연못과 단출한 정자이지만, 수면을 가득 메운 연잎과 낙엽이 너무 아름답다. 애련지 주위에 가득한 단풍나무가 수면 위로 붉게 흔들린다.

애련지에서 나와 오솔길을 따라 걷다가 마주친 '관람지'는 단연 이 날의 하이라이트. 깊숙한 산골짜기 계곡처럼 길게 굽어진 연못은 숲에 새겨진 단풍의 무늬를 잘라내듯 선명하게 비췄다. 거기엔 가을의 숲이 낼 수 있는 모든 색깔이 아름답게 뒤섞여 있었다. 연못 주위로 관람정, 존덕정, 승제정, 폄우사 등 정자가 다닥다닥 붙어있는 것도, 이곳이 얼마나 아름다운지, 왕들이 얼마나 사랑했는지를 잘 보여준다. 관람지를 떠날 때엔 아쉬워서 계속 뒤를 돌아보게 될 정도였다.

소박한 연못과 정자가 어우러진 애련지는 '연꽃이 피는 연못'이라는 뜻이다.

창덕궁 가을 단풍의 하이라이트로 손꼽히는 관람지의 풍경.

　　흐르는 물에 술잔을 띄워놓고 시를 지었다는 옥류천까지 보고 나서, 다시 후원을 돌아 나오니 어느새 90분이 지나있었다. 마치 시간을 멈추고 한 폭의 그림 속에 훌쩍 들어갔다 나온 기분이 들었다. 비밀스런 왕의 정원에서 누렸던 풍류와 운치 덕분인지 호사스러운 기분으로 창덕궁을 나서게 되었다. 돈화문 밖으로 바쁘게 오가는 차들이 그날따라 낯설었다.

북촌문화센터 :
조선 말기 세도가였던 민형기 재무관의 자택으로 계동마님댁으로 더 유명하다. 지금은 한옥 체험과 함께 북촌의 역사와 문화재를 안내하는 역할을 하고 있다. 2133–1371

동궐마루 :
창덕궁 경내에 위치한 찻집. 전통차와 커피 등의 음료와 함께
기념품도 판매한다. 큰 창으로 '동궐'인 창덕궁의 모습이
한눈에 보인다. 762-8261

공간 사옥 :
한국 현대건축사를 대표하는 작품이자, 건축가 김수근의
대표작이기도 하다. 검은색 벽돌이 인상적인 건물로 공간
건축사무소의 사옥으로 지어졌다. 밖에서 보면 좁고 긴
네모반듯한 덩어리지만, 안으로 들어가면 미로와도 같이
복잡한 내부 공간을 지녔다고 한다. 전통 건축의 특징을
현대적으로 해석하고 구현했다는 평가를 받아 문화재로
등록되었다.

북촌면옥 :
창덕궁 돌담길에 자리한 한식당. 창가에 앉으면 창덕궁 후원의
우거진 숲이 보인다. 정갈한 상차림으로 외국인도 많이 찾는
곳이다. 냉면과 갈비탕, 만두가 유명하다. 742-9997

경복궁 돌담길 :

과거와 현재가 만나는 길(종로구 세종로)

writer's tip
좀더 한적한 분위기를 느끼고 싶다면 돌담 반대편 서촌으로 가
보자. 같은 경복궁 돌담길인데 확연히 다른 분위기를 느낄 수
있다.

가는 방법	경복궁 정문인 광화문과 안국역 사이에 있는, 삼청동으로 나 있는 길이다. 3호선인 안국역이나 경복궁역 사이에 있다. 3호선 안국역 1번 출구 도보 5분. 3호선 경복궁역 5번 출구 도보 5분. 경복궁 주차장 이용 가능.(기본 2시간에 2000원, 15분 초과시 500원)
규모/소요시간	경복궁 동문(東門) 부근의 동십자각부터 청와대와 삼청동으로 갈라지는 구간까지 약 1km 정도 된다. 돌담길을 지나 삼청동까지 산책하려면 한시간은 족히 걸린다.
추천시기	11월 초에 경복궁 돌담길의 단풍은 절정을 맞는다. 삼청동은 주말에는 많이 붐비는 것을 감안하자.
편의시설	덕수궁 돌담길과 마찬가지로 특별한 편의시설이 없다. 경복궁이나 국립현대미술관 화장실을 이용할 수 있다.
경사정도/복장	경복궁 돌담길과 삼청동길 전체가 잘 포장되어 있어서 걷기 편하다. 미술관이나 화랑을 갈 생각이라면 평소보다 더 차려입는 것도 좋겠다.
주소/문의	서울시 종로구 세종로 1-1, 2148-2863

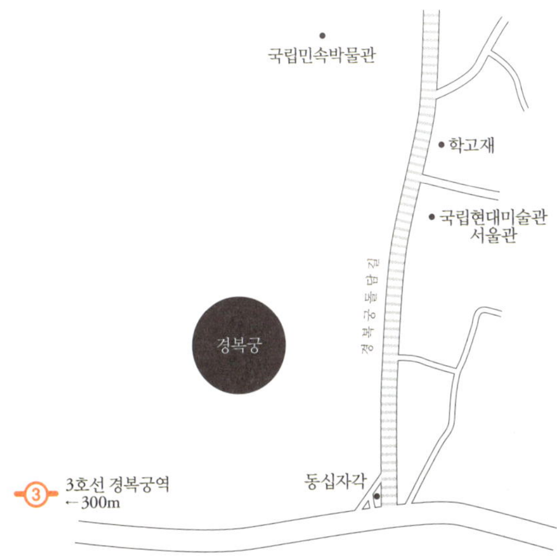

경복궁만큼이나 오래되어 보이는 은행나무들도 노란색으로 옷을 갈아입었다.

경복궁 돌담길은 잘 알려진 곳은 아니다. 돌담길 하면 덕수궁부터 떠오르는 게 사실이다. 경복궁에 가기 위해서 혹은 서촌이나 삼청동에 가기 위해서 수많은 사람들이 지나치지만 별 감흥 없이 스쳐 지나간, 제대로 눈길 한 번 받지 못해 서러울 법도 한 곳이다. 하지만 가을엔 이야기가 달라진다. 덕수궁보다 한층 더 위엄있는 돌담. 그 위로 커다란 은행나무 노목이 풍성한 잎들을 자랑하고 있다.

조선의 정궁이었던 경복궁이 워낙 큰 까닭에 돌담길 역시 그 범위가 무척 넓지만, 가을을 맞아 단풍이 가장 아름답게 드는 곳은 경복궁 동문(東門) 부근의 동십자각부터 청와대와 삼청동으로 갈라지는 구간까지 1km 남짓한 길이다. 이 길은 도로를 사이에 두고 왼쪽으로는 반듯하게 쌓아올린 돌담길이 고풍스러움을 자아내고, 오른쪽으로는 국립현대미술관과 크고 작은 갤러리들이 이어진다.

가을이 되면 도로 가운데 느티나무는 붉게 물들고, 양쪽 인도에 호위하듯 늘어선 은행나무는 녹색에서 노란색으로 옷을 갈아입는다. 경복궁의 역사만큼이나 오래되어 보이는 은행나무들은 굵고 단단한 둥치를 자랑하는데, 짙은 고동색 가지 위에 매달린 샛노란 은행잎이 눈부시다.

돌담길을 따라 동십자각에서 백여 미터를 걷다 보면 보이는 문이 경복궁의 동문, 건춘문이다. 은행나무의 키를 훌쩍 넘긴 높이와 근엄해 보이는 인상이 한눈에 봐도 범상치 않다. 동쪽은 봄을 뜻해서 건춘문이라 이름 짓고, 왕실 종친과 상궁들만이 드나들던 '귀한' 문이다. 또한 대궐에 비상을 알리는 종이 울리면 왕을 직접 모시고 있던 신하들이 모여 명령을 기다리는 곳이었다고 한다. 왕실을 상징하는 무지갯빛 단청지붕이 노랗게 물든 돌담 바깥을 늠름하게 굽어본다.

건춘문을 지나 은행잎 쌓인 돌담길을 걷다 보면 다시 왼쪽으로 국립민속박물관이 보이고, 그 맞은편인 도로 오른쪽에는 새로 들어선 국립현대미술관 서울관이 있다. '민속'과 '현대'가 마주 선 풍경은 이 길에 이어진 삼청동의 모습을 단적으로 드러낸다. 삼청동은 청와대 인접 지역이라는 특성으로 인해 그동안 개발제한구역으로 묶여있었다. 이 때문에 인적이 드물고 집값이 싸서 예술인들이 하나둘 모이기 시작했다. 이들이 오래된 가옥을 개조하여 화랑이나 공방을 열면서 옛 정취 속에서 독특한 개성을 지니게 되었고, 과거와 현재가 공존하는 묘한 매력으로 사람들을 불러 모은 것이다.

또 가장 한국적인 문화부터 낯선 이국의 문화까지 한데 어우러져 있는데, 북촌한옥마을에 세계 장신구 박물관이나 실크로드 박물관이 자리 잡고 있는 것만 봐도 그렇다. 삼청동에서 뭘 먹을지를 고민할 때도 수제비나 팥죽처럼 전통적인 한식부터 수제 햄버거나 파스타, 인도 카레까지 그 메뉴의 폭이 국경을 자유롭게 넘나든다.

과거와 현재가 공존하는 곳. 한국의 전통과 이국의 문화가 살갑게 이웃하는 곳. 이런 것들이 어우러져 전혀 새로운 색깔을 만들어내는 삼청동만큼 구경하기 좋은 곳이 또 있을까. 한국의 젊은이들과 외국 관광객들이 삼청동을 찾는 이유가 다르지 않을 것이다. 쌀쌀해진 가을, 손을 맞잡고 서로의 체온을 느끼며 은행잎 드리워진 돌담 밑을 함께 걷는 것. 생각만으로도 가슴이 뛴다. 가을엔 돌담길을 걷자, 삼청동에 가자.

동십자각 :
경복궁 동남쪽 모서리에 설치했던 망루. 이 목조 누각은
경복궁 복원 당시에 세웠으며, 일제강점기 때 경복궁 앞으로
길이 나면서 길 한가운데 동십자각만 달랑 남게 되었다.
경복궁 돌담길의 시작이기도 하다.

학고재 :

삼청동의 대표 화랑. 서양식 벽돌집에 한옥 기와를 올린 외관에서 한옥의 예스러운 멋과
양옥의 세련됨이 조화를 이룬다. '옛것을 배우고 익혀 새로운 것을 만들어낸다.'는 의미의
'학고창신(學古創新)'에서 이름인 '학고재'를 따왔다. 그 이름 그대로 옛것과 새것의 교감을
지향하는 전시를 이어나가고 있다. 720-1524

국립민속박물관 :

경복궁 경내에 위치한 국립민속박물관은 우리 민족의 생활과
관련된 민속문화를 보여주는 생활사 전문 박물관이다.
민속자료 4천여 점을 세 개의 상설 전시 공간과 야외 전시
공간으로 나누어 전시하고 있다. 3704-3114

국립현대미술관 서울관 :

과천 본관, 덕수궁관에 이어 세번째로 개관했다. 옛
국군기무사령부 자리에 지하3층, 지상 3층 규모로 지어졌다.
기존 미술관의 엄숙함에서 벗어나 열린 미술관, 일상 속
미술관을 지향하며 이에 어울리는 전시들이 열리고 있다.
3701-9500

24)

덕수궁 돌담길 :

가을은 돌담을 타고 흐른다(중구 정동)

writer's tip
저녁이 되면, 돌담길 바닥에 설치한 조명이
한결 더 운치를 돋운다.

가는 방법	서울광장을 사이에 두고 서울시청과 마주한 덕수궁 돌담길은 도심 한복판이라 어디서나 쉽게 접근이 가능하지만, 지하철을 이용해 시청역에서 가는 편이 가장 가깝다. 1,2호선 시청역 1번 출구 도보 1분.
규모/소요시간	덕수궁 돌담길과 정동길 전체를 합쳐 약 1km 정도다. 천천히 걸어도 30분이면 충분해서, 부담 없이 산책하기 좋다.
추천시기	은행나무 가로수가 다른 곳보다는 좀 일찍 노랗게 물든다. 10월 말 주말에는 정동문화축제가 열려 더 풍성하다.
편의시설	돌담길에는 특별한 편의시설이 따로 없다. 시청역이나 덕수궁, 서울시립미술관 화장실을 이용할 수 있다.
경사정도/복장	돌담길과 정동길 전체에 보도블록이 잘 깔려있어 걷기 편하다. 데이트코스로도 좋다.
주소/문의	서울시 중구 정동 5-1, 3396-5864

덕수궁 돌담길은 도심의 번잡함에 지친 시민들에겐 오아시스 같은 곳이다.

　　오랫동안 수많은 연인들의 데이트 코스로 사랑받고 있는 곳. 그렇지만 '연인이 함께 걸으면 헤어진다'는 속설이 있는 곳. 바로 덕수궁 돌담길이다. 기와지붕을 얹은 돌담을 따라 은행나무와 플라타너스가 늘어선 덕수궁 돌담길. 이 길은 도심의 번잡함에 지친 서울시민들이 여유를 맛볼 수 있는 오아시스 같은 곳이다. 다만 예전에 서울가정법원이 정동에 있어서 이혼하려면 이 길을 지나야 했다고 한다. '함께 걸으면 헤어진다'는 속설이 퍼지게 된 이유다.

　　덕수궁 돌담길은 '덕수궁 둘레의 돌담 바깥 길'을 뜻하는데, 서울광장 맞은편 대한문부터 시작해서 서울시립미술관 앞 분수대까지 이어진다. 그리고 정동교회부터 경향신문사가 있는 새문안로까지가 정동길인데, 덕수

궁 돌담길까지 포함해서 에둘러 정동길이라 부르기도 한다. 전체가 약 1km 정도로 그리 길지 않아서 천천히 산책해도 부담 없는 길이다.

　이 일대는 구한말 한양의 모습부터 근대 개항기까지의 역사를 기록하고 있는 거대한 박물관이기도 하다. 특히 개항기에 서양의 신문화가 들어옴에 따라 외국 공관과 한국 최초의 호텔인 손탁 호텔을 비롯해서 최초의 학교인 배재학당이나 이화학당, 최초의 개신교 예배당인 정동제일교회까지 이곳에 둥지를 틀었다. 현재는 많이 바뀌고 없어진 곳도 있지만, '언덕 밑 정동길엔 아직 남아있어요, 눈 덮인 조그만 교회당'이란 노랫말처럼 지금도 정동교회가 남아있고 연인들은 이 길을 걸으며 사랑의 약속이 영원하기를 바란다.

　봄에는 벚꽃이 피고 여름에는 시원한 그늘을 드리우는 돌담길이지만,

은행나무와 플라타너스가 노랗게 물드는 가을이 가장 아름답다. 번화한 광화문 사거리를 지나 대한문 앞에 도착하니 마침 수문장 교대식이 한창이다. 모두가 구경하고 사진 찍느라 바쁜 와중에 그 옆 골목으로 쏙 들어오니 차분한 분위기에 번잡함이 사라진다.

정갈한 기와를 얹은 반듯한 돌담 위로 샛노란 은행나무가 가장 먼저 눈에 띄고 그 뒤를 이어 플라타너스와 벚나무가 노랑부터 갈색까지 이어지는 단풍의 풍부한 계조를 보여준다. 서울시 서소문청사를 지나니 정동문화축제의 활기찬 분위기가 느껴진다. 덕수궁 내에 오래된 고목들도 무슨 일인지 고개를 내밀고 밖을 내다보는 듯하다.

가로수길을 가득 채운 우거진 단풍 사이로 어디선가 피아노 소리가 들린다. 축제를 맞아 놓아둔 피아노를 호기심 많은 여고생들이 그냥 지나치지 못하고 연주하고 있다. 발랄한 멜로디가 돌담을 타고 흐른다.

피아노를 지나서는 풍선을 매달아 놓은 하얀 테이블이 길게 이어진다. 테이블마다 아기자기한 수공예품들이 가득하다. '정동문화축제'의 풍경이다. 독특한 장식의 액세사리부터 직접 만든 인형과 가방들이 여자들의 시선을 단풍으로부터 빼앗는데 성공한다. 저녁이 되자 정동길에 여학생들이 우르르 쏟아져나온다. 백 년 전부터 이 길에 있던 이화여고의 학생들이다. 수능이 얼마 안 남은 시점이라 모두 바쁜 걸음으로 움직인다. 곱게 물든 이 길을 사람들이 찾는 이 순간에도, 수험생에겐 그럴만한 여유가 허락되지 않나 보다. 올해는 이렇게 지나쳐야 하는 단풍이지만 내년에 제대로 즐길 수 있기를.

서소문청사(정동전망대) :

덕수궁 돌담길에 있는 서울시 서소문청사에 가야하는 이유는 13층에 있다. 서울시에서는
서소문청사 1동 13층에 정동전망대를 만들어 일반에게 개방하고 있다. 덕수궁과
정동길이 한눈에 내려다보이는 훌륭한 전망을 자랑한다.(개방시간 9시~18시)

중명전 :

황실도서관으로 지은 서양식 2층 벽돌건물이다. 독립문을 설계한 러시아 건축가
사바찐이 설계했다. 덕수궁이 불타면서 고종의 편전이자 외국 사절 접견실로 사용되었다.
을사늑약이 체결된 비운의 장소이기도 하다.

정동교회 :

흔히 정동교회로 불리지만, 정식 명칭은 정동제일교회이다. 대한민국 최초의 개신교 교회
예배당이다. 붉은 벽돌을 쌓아올린 외관은 빅토리아 시대 전원풍 고딕양식을 따랐다고
한다. 노래 '광화문연가'에 등장하는 그 교회다. 753-0001

양재 시민의 숲 :

서울 시민들의 낙엽 천국(서초구 양재동)

writer's tip
시민의 숲 바로 옆에는 양재꽃시장이 있다. 단풍과 낙엽도
좋지만, 돌아가는 길에 싱싱한 꽃 한 다발로 생활 속 작은 사치를
누려보자.

가는 방법	시민의 숲은 서울 양재동, 강남의 끝자락에 있다. 신분당선 양재시민의 숲역이 생기면서 쉽게 갈 수 있게 되었다. 신분당선 양재시민의 숲역 5번 출구 도보 3분. 시민의 숲 주차장(10분에 500원)과 매헌기념관 주차장(10분에 300원) 이용 가능.
규모/소요시간	약 25만㎡(약 7만 5천평)의 꽤 큰 규모의 숲에 10만 6,600여 그루의 나무로 수목이 우거져 있다. 공원의 길이가 약 1km 정도로 천천히 한 바퀴를 도는 데에는 1시간 이상이 걸린다.
추천시기	11월 초순이면 이미 낙엽이 숲을 가득 메운다. 평일 뿐만 아니라 주말에도 붐비지 않아 좋으나, 숲이 우거져서 빨리 어두워지니 참고하도록 하자.
편의시설	공원 내에 화장실(총 5곳)과 쉼터, 음수대 등이 잘 갖춰져 있다. 야외예식장 근처 매점에서는 간단한 먹거리를 판다.
경사정도/복장	낙엽을 밟는 기분을 느껴보자. 숲에는 흙길이 나 있는 곳도 있으니 편한 신발을 신자. 대부분 평지다.
주소/문의	서울시 서초구 양재2동 236, 575-3895

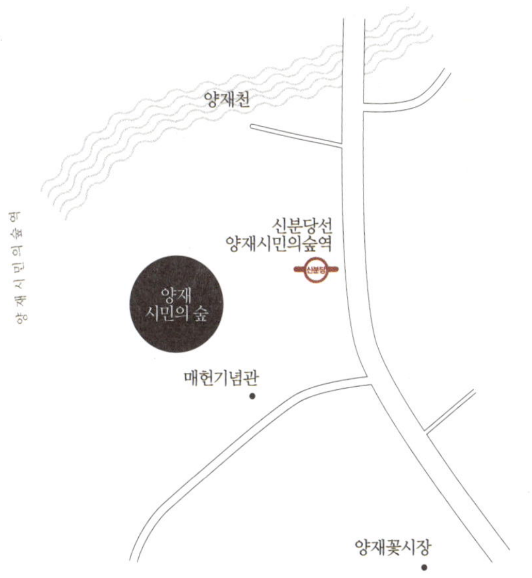

가을이 되면 낙엽이 소복하게 쌓여, '낙엽천국'이라는 이름이 잘 어울린다.

서울에는 단풍이 아름다운 길이 많지만, 정작 낙엽까지 아름다운 길은 생각보다 많지 않다. 보기엔 참 좋은 단풍이지만, 잎이 떨어지고 바닥에 뒹굴면 또 다른 이야기다. 쓰레기와 섞이거나 비가 오면 지저분해 보이고, 걷는 걸 방해할 때도 있다. 또 너무 넓은 길은 낙엽이 제대로 쌓이지 않아 전혀 느낌이 안 나기도 한다.

단풍만 아름다운 길이 아닌 낙엽도 아름다운 길. 보기 좋은 단풍뿐만 아니라, 낙엽을 밟으며 걷기 좋은 길. 가을에 아름다운 길은 이런 길이 아닐까? 내가 가본 곳 중에 낙엽으로만 치자면, 으뜸은 양재 시민의 숲이다. '낙엽 천국'이라고 불러도 좋을 정도로 이곳엔 낙엽이 소복하고 탐스럽게 쌓인다. 그래서 가을엔 꼭 가봐야 한다. 낙엽이 촘촘히 채우는 시민의 숲을.

시민의 숲은 서울 양재동, 강남의 끝자락에 자리 잡고 있다. 청계산이 바라보이고 양재천과 여의천이 만나는 곳이다. 양재 시민의 숲역 5번 출구가 공원과는 가깝지만, 도심을 유유히 흐르는 양재천을 보려면 1번 출구로 나와 좀 걷는 편이 낫다. 숲으로 들어가려는 사람들의 시선을 양재천이 붙잡지만, 메타세쿼이아 단풍만 가지고는 어림도 없다. 이건 워밍업에 불과하니 과감히 뿌리치고 들어가야 한다.

반지름이 1km 조금 안 되는 원뿔 모양의—위에서 보면 피자조각 같기도 한—시민의 숲에 들어서면, 가장 먼저 드는 생각이 "와! 정말 숲이구나."이다. 그냥 숲이 아닌, 진짜 숲. 빽빽이 늘어선 나무에 가려서 밖이 보이지 않고, 고개를 들어도 하늘보다도 우거진 가지와 나뭇잎이 더 많이 보이는 그런 숲 말이다. 10만여 그루라는 숫자가 온몸으로 느껴진다. 도심에선 좀처럼 느끼기 힘든 울창함으로 숲은 사람들을 포근하게 감싼다. 숲의 프리 허그에 사람들은 마음을 열고 숲을 들여다본다.

어디선가 들리는 활기찬 기합소리가 나뭇잎을 흔든다. 대로변 운동장에선 농구시합이 한창이다. 회사에서 야유회라도 나왔는지 아저씨들이 열심히 뛰어다니고, 나머지 사람들은 손을 흔들며 응원을 한다. 운동장을 에워싼 플라타너스도 따라 노랗게 단풍든 잎을 흔든다. 나무들의 키가 덩크라도 할 것처럼 훌쩍 큰데, 플라타너스뿐만 아니라 다른 나무도 마찬가지다. 아무래도 나무들끼리 촘촘히 모여있어서 그런가 보다. 작으면 다른 나무에 가려 햇빛을 받기 힘드니, 살기 위해서 키가 클 수밖에. 높다란 나무들의 평균 키가 이곳이 숲이라는 걸 증명한다.

운동장을 지나 오솔길을 따라서 숲 안으로 깊숙이 들어가 보자. 길 뿐만 아니라 숲 전체가 낙엽에 잠겨 있고, 아이들은 눈싸움하듯 낙엽을 집어던진다. 달리다 넘어졌지만, 오히려 잘됐다는 듯 낙엽 속에 폭 파묻힌다. 시민의 숲은 다양한 표정을 지녔다. 물감이 색을 섞듯, 낙엽은 서로를 섞어 새로운 색을 만들고 숲에게 표정을 부여한다. 적단풍의 빨강은 플라타너스를 만나 유순해지고, 벚나무의 주황은 은행나무를 만나 발랄해진다. 희미하게 남은 잔디는 다시 올 봄을 기약하며 희망차게 옅은 초록으로 여백을 채운다. 낙엽의 색이 바뀔 때마다 표정이 확확 바뀌는 숲이 참 재밌는 친구라는 생각이 든다.

길 중간중간 벤치가 있으니 잠시 앉아가도 좋다. 벤치에 앉으면 스쳐 지나쳤던 숲의 내면을 찬찬히 들여다볼 수 있다. 서서 보았던 적단풍도 앉아서 보니 그 붉은빛이 한결 진하다. 고개를 들면 단풍의 아름다움이 보이고, 고개를 숙이면 낙엽의 애잔함이 느껴진다. 노을보다 붉은 단풍이 숲을 물들이기 시작한다. 일어나 숲을 나서는 길, 발밑에선 잘 마른 플라타너스 낙엽이 튀각처럼 바스러지고, 감나무 밑에서 까치가 운다.

양재천 :
경기 과천의 관악산 남동쪽 기슭에서 흐르기 시작하여, 서울
서초구와 강남구를 가로질러 탄천으로 흘러드는 하천이다.
양재천을 끼고 녹지와 산책로가 이어져 시민들의 쉼터가
되어준다. 가을에는 메타세콰이아 가로수가 아름답게 물든다.

매헌기념관 :
시민의 숲 내에 있는 윤봉길 의사 기념관이다. 독립운동가
매헌 윤봉길 의사의 유품과 훈장 등이 이 곳에 있다. 수통과
도시락 모형폭탄, 순국 시 사용된 말뚝 등도 전시되어 있다.
577-9932

양재꽃시장 :
국내 최대 규모의 꽃시장이다. 정식 명칭은
한국농수산식품유통공사 화훼공판장으로, 화훼류 종합
유통센터라고 할 수 있다. 579-8100

효창공원 :

솔아 솔아 푸르른 솔아(용산구 효창동)

writer's tip
공원 뿐만 아니라 백범기념관 앞 잔디밭에도 단풍나무와
느티나무가 아름답게 단풍이 드니, 여유가 있다면 들러 보자.

가는 방법	숙명여대 옆에 있는 효창공원은 효창공원역과 남영역, 공덕역에서도 쉽게 갈 수 있다. 6호선 효창공원역 2번 출구 도보 10분. 효창운동장 주차장 이용 가능(10분에 300원)
규모/소요시간	공원의 면적은 약 17만㎡(약 5만평)이다. 한 바퀴를 도는 산책로는 1.4km 정도의 거리여서, 30분이면 산책할 수 있다.
추천시기	다른 곳보다 빨리 물들어 10월 말부터 11월 초에는 완연하게 단풍이 든다. 관광객보다는 동네 주민들이 많이 찾는 공원이라 주말에도 크게 붐비지 않는다.
편의시설	공원 입구에는 관리사무소와 함께 매점과 화장실, 음수대가 있다. 이밖에도 공원 곳곳에 화장실과 운동기구 등이 마련되어 있다.
경사정도/복장	공원의 길은 대체로 잘 정돈되어 있으나, 군데군데에 흙길과 언덕이 있고 계단도 적지 않으니 참고하자.
주소/문의	서울시 용산구 효창동, 2199-7593

효창공원이 가장 멋질 때는 낙엽이 지는 가을이다.

효창공원을 알게 된 건 친구의 사무실에 가면서다. 재취업과 창업 사이에서 고민하던 나는 창업을 한 친구의 이야기를 들어보고 싶었다. 친구는 옛 용산구청 자리에 들어선 '청년창업플러스센터'에 자리를 잡고 있었다. 6호선 효창공원역에서 나와 이 동네를 처음 걷게 되었는데 편안한 느낌이었다. 낮은 건물들과 한적하고 평온한 분위기에 시계바늘도 느리게 돌아가는 것만 같았다.

창업에 관해 이야기를 나누다 불쑥 생각나 물었다. "이 동네는 어때?", "여기 좋아, 조용하고 맛집도 꽤 있고 효창공원도 가깝고."라는 친구의 대답. 좀 걸으며 생각을 정리하고 싶은 마음에 나는 공원 방향으로 향했다. 효창공원역 2번 출구부터 공원까지는 나직한 오르막길이 이어졌다. 초등학교가 있어서 문방구, 분식집, 속셈학원이 이어지는 한적하고 평범한 동네였다.

그런데 5분 좀 넘게 걸었을까, 공원 입구에 도착했을 때부터 놀랄만한 일들의 연속이었다. 효창공원은 그냥 단순한 공원이 아니었다. 궁궐이나 사적에서 볼만한 단청과 기와를 얹은 대문부터 남달랐고, 들어서니 조선 정조의 맏아들인 문효세자의 묘가 있던 곳이었으며, 지금은 백범 김구와 이봉창, 윤봉길, 백정기 같은 독립투사와 임시정부 요인들의 유해가 잠들어 있는 곳이었다. 그냥 동네마다 있는 공원이라 생각하고 왔는데 대한민국의 위인들이 잠들어있는 역사의 현장이었던 것이다.

이때가 늦봄이었고 그 이후로도 근처에서 볼일이 생겨서 몇 번을 더 들렀는데, 가장 좋았을 때는 최근에 갔던 가을이었다. 이번에는 지하철이 아니라 버스를 타고 갔다. 4호선 숙대입구역 10번 출구로 나와서 굴다리를 건너편 횡단보도 맞은편에 버스정류장이 보인다. 이곳에서 마을버스를 타고 언덕을 오르면 금세 효창공원 뒤편이다. 마을버스로 두 정거장 밖에 안 되는 짧은 거리인데 인적이 드문 삼거리에서 조금은 막막한 기분으로 뒤를 돌아보니 쓱 효창공원이 나타났다.

효창공원 뒤쪽은 나무들로 우거져 있었다. 선 자리가 좁은 듯 담장 밖으로도 몸을 내밀었다. 가지에 매달린 풍성한 잎사귀는 바람에 명랑하게 흔들렸다. 정문인 창열문이 점잖았다면, 여기는 생기발랄했다. 나뭇잎들은 봉숭아 물들이듯 손끝부터 빨갛고 노랗게 물들이고 있었다. 공원으로 들어서니 한결 더 완연한 가을이 머물고 있었다. 오솔길에 소복이 쌓인 낙엽을 밟으며 공원의 옆선을 따라 걸었다. 쌀쌀한 가을에도 얇은 적삼만 입고 있는 원효대사 동상을 지나 창열문으로 내려오니, 다시 점잖은 효창공원이 거기 있었다. 대신, 복장은 좀 더 화려해졌다.

낙엽으로 수 놓인 연못을 지나 가파른 계단을 오르니 삼의사(三義士)의 묘였다. 이봉창, 윤봉길, 백정기 그리고 안중근까지!(안중근의 묘는 아직 유해를 찾지 못해 비어있다) 가슴이 벅찬 이름들 앞에서 자연스레 고개를 숙였다. 낡은 비석과 빛을 잃은 잔디. 세월은 흘러가고 계절도 지나가고 있었다.

유일하게 남은 것은 소나무였다. 묘 뒤편의 소나무 숲만이 세월에 변하지 않고 계절에 아랑곳없이 여전히 푸르렀다. 일제에 굴하지 않고 끝까지 일어서던 독립투사의 기상이 소나무에 스며든 듯, 숲은 가을이 깊어감에도 그 빛을 잃지 않았다. 처음 마음 그대로인 소나무의 초심을 닮고 싶었다. 묘역을 뒤덮은 노란 은행잎 덕에 소나무는 더욱 푸르러 보였다.

나뭇잎들이 봉숭아 물들이듯 가지 끝부터 빨갛고 노랗게 물들어간다.

관광객보다는 동네 주민들이 찾는 공원이라 크게 붐비지 않아 좋다.

백범기념관 :

백범 김구 선생을 기념하기 위해 세워졌다. 김구 선생의 삶과 사상을 통해 대한민국 임시정부의 역사와 한국 근현대사를 이해시키고자 설립된 한국 근현대사 박물관이다. 효창공원을 끼고 왼쪽으로 올라가면 그 경건한 외관이 보인다. 799-3400

효창운동장 :

우리나라 최초 축구 전용구장이다. 1960년 10월에 문을 열었으며, 2만 5천명의 관중을 수용할 수 있다. 지은 지 50년이 넘은 지금도 축구경기를 비롯해서 여러 행사가 열린다. 713-1410

마다가스카르 :

효창공원으로 가는 길에 있는 갤러리 카페. 사진가인 신미식 작가가 운영하는 곳으로 마다가스카르를 여행하고 온 뒤에 문을 열었다고 한다. 빈티지한 소품들과 함께 작가의 여행 사진이 곳곳에 걸려있으며, 따뜻하고 편안한 느낌이다. 커피와 빵, 디저트도 맛있다. 717-4508

27)

석촌 호수공원 :

단풍 든 호수에 노 저어 가오(송파구 잠실동)

서호에 있는 서울놀이마당에서는 매주 주말마다 상설
무료공연이 열린다. 매년 4월부터 10월까지, 주말 오후에
전통문화와 관련된 공연(전통무용, 민요, 탈춤 등)이 열리니
기회가 되면 구경해도 좋겠다.

가는 방법	석촌 호수는 도심 한가운데, 잠실역과 석촌역 사이에 있다. 잠실역에서 접근하는 편이 좀더 가깝다. 2호선 잠실역 3번 출구 도보 5분.
규모/소요시간	호수는 동호(東湖)와 서호(西湖)로 나뉜다. 둘을 합친 전체 둘레는 2.6km에 달해서 호수 주변 산책로를 도는 데만 30분이 넘게 걸린다.
추천시기	호수 때문에 따뜻해서인지 단풍이 약간 늦게 든다. 11월 초순부터 단풍의 절정이 시작되서 둘째주까지 장관을 이룬다.
편의시설	화장실(총 5군데)을 비롯하여 어린이놀이터와 수변데크, 음수대 등의 편의시설이 잘 갖춰져 있다.
경사정도/복장	호수를 둘러싼 산책로 전체가 탄성소재로 포장이 되어있어 걷기에 좋다. 정장 차림의 회사원들도 점심시간에 나와 산책하는 모습이 눈에 띈다.
주소/문의	서울시 송파구 잠실동, 2147-3391

석촌호수 서호 가운데엔 롯데월드가 있어 활기찬 분위기를 느낄 수 있다.

'내 마음은 호수요, 그대 노 저어 오오.'

　누구나 한번은 읽어봤을 김동명의 시에서, 호수는 사랑하는 이를 기다리는 그리움을 은유한다. 잔잔한 수면 위로 커다란 파문이 일듯, 우리의 마음도 사랑 앞에선 한없이 순수해진다. 호수는 물이 고이는 곳이다. 강이 물이 흘러 바다에 이르는 길이라면, 호수의 물은 갈 곳이 없다. 닿을 곳 없는 외로움이 호수엔 흐른다. 바다의 섬처럼, 호수는 혼자다. 호수의 애달픔은 이 지점에서 우리와 만난다.

　서울의 유일한 호수는 잠실에 있다. 석촌 호수다. 한강의 본류였으나 홀로 떨어져 도심 빌딩숲 한가운데 자리 잡고 있다. 한강의 일부를 육지화

하면서 호수로 남은 것이다. 지금은 흔적만 남은 송파나루터가 옛날을 추억한다. 이렇게 생겨난 잠실과 신천은 그래서 석촌 호수에 빚이 있다. 처음엔 볼품없던 호수는 녹지를 만들고 정비하여 공원(송파나루공원)으로 재탄생했고, 묵은 빚은 얼굴과 발로 갚는다는 말처럼 잠실과 신천 주민들은 공원을 매일같이 드나든다. 아침부터 저녁까지 산책하는 사람들이 끊이지 않고, 점심 때는 주변 회사원들까지 가세한다. 밤마저 조깅족, 데이트족으로 가득하니 호수는 외로울 틈이 없다.

석촌 호수는 도심에 계절을 입힌다. 봄에는 벚꽃이 피고 여름엔 그늘이 울창하다. 가장 아름다운 건 단풍이 드는 가을이다. 가을이 찾아오면, 호수는 겨울을 예감한다. 모두가 잠들고 누군가 떠나는 계절. 아쉬움과 그리움 사이에서 숨겼던 표정을 드러낸다. 붉은 홍조를 띤 단풍이 나무를 물들이고 수면까지 퍼져나간다. 수면 위로 떨어진 낙엽은 물결을 타고 어딘가로 노 저어 간다.

호수는 동호(東湖)와 서호(西湖)로 나뉜다. 둘을 합친 전체 둘레는 2.6km에 달한다. 호수 주변 산책로를 도는 데만 30분 넘게 걸리지만, 느티나무와 벚나무, 은행나무, 잣나무가 바통을 이어받으며 길동무가 되어준다. 고무가 깔린 길은 폭신폭신하게 탄력이 좋아 내딛는 발걸음이 가볍다. 산책로와 호수 사이의 비스듬한 경사면에는 억새숲이 띠처럼 호수를 둘렀다. 꽃다발 속 안개꽃처럼 알록달록한 단풍을 순백으로 감싼다. 솜털 같은 억새는 햇빛을 끌어안는다. 보기만 해도 따뜻한 이곳이 거위와 오리들의 보금자리다. 호수가 가장 잘 보이는 명당이기도 하다. 거위들은 일제히 이곳에 앉아 일광욕과 함께 단풍을 즐긴다.

울긋불긋한 단풍에서는 붉은빛이 두드러진다. 느티나무와 벚나무가 합심한 까닭이다. 둘 다 낙엽이 붉은색이라 모양으로 구분해야 한다. 벚나무가 도톰한 타원형이라면 느티나무는 좀더 날씬하다. 스칼렛 요한슨 대 줄리아 로버츠의 입술이랄까? 붉은 입술이 산책로와 입 맞추곤 미소 짓는다. 동호에서 굴다리를 지나 서호로 넘어가면, 분위기가 제법 달라진다. 동호가 고요하다면 서호는 북적인다. 서호 가운데엔 매직 아일랜드가 있다. 동화 속 마법의 성처럼 뾰죽한 탑들 사이로 커다란 놀이기구들이 보인다. 천천히 움직이지만, 소리는 굉장하다. 바람을 가르는 붕 소리와 함께 사람들의 비명이 들린다. 꺅! 하는 소리엔 무서움 반, 즐거움 반이다. 지켜보는 사람들도 무서움 반, 부러움 반이다.

맨 앞에 적었던 김동명의 시 마지막은 이렇다.

'내 마음은 낙엽이요, 잠깐 그대의 뜰에 머무르게 하오.'

언젠가 바스러질 낙엽이 석촌 호수에 머무는 가을이다. 곧 떠나갈 손님을 호수는 극진히 대접한다. 가을은 잠깐이고 단풍은 한때다. 더 늦기 전에 호수에 노 저어 가자.

샤롯데씨어터 :
우리나라 최초의 뮤지컬 전용극장이다. 2006년
10월에 개장하였다. 개장 이후 미국 브로드웨이, 영국
웨스트엔드에서 공연하는 뮤지컬을 주로 상영하고 있다.
대표작으로는 라이온 킹, 맘마미아, 오페라의 유령, 캣츠 등이
있다. 1644-0078

카페 hosoo :
호수의 산책로에 위치한 베이커리 카페. 하얀 외관도 멋스럽고
호수가 바로 보이는 위치도 좋지만, 직접 로스팅한 커피와
다양한 빵 때문에 입도 즐거워진다. 2042-7544

롯데월드 :
서울의 대표 테마파크. 실내에 있는 롯데월드 어드벤처와 실외에 있는 매직 아일랜드로
나뉘어져 있다. 특히 매직 아일랜드는 석촌 호수를 끼고 있어 놀이기구를 이용하면서
시원한 호수의 풍경을 함께 감상할 수도 있다. 411-2000

28

올림픽공원 위례성길 :

은행나무 늘어선 명랑 가을길(송파구 방이동)

writer's tip
위례성길과 가장 가까운 카페는 소마미술관 옆에 있는
엔젤리너스다. 남4문 주차장과도 가까운데, 이곳에서 1만원 이상
구매하면 주차가 2시간까지 무료다.

가는 방법	위례성길은 올림픽공원을 지난다. 8호선 몽촌토성역이나 5호선 올림픽공원역에서 갈 수 있다. 몽촌토성역으로 나오는 것이 위례성길과 바로 이어져서 편하다. 8호선 몽촌토성역 1번 출구 올림픽공원 남3문, 남4문 주차장 이용 가능(최초 1시간 1000원, 이후 20분당 500원)
규모/소요시간	올림픽공원 입구부터 오륜사거리까지 2.65km나 된다. 걷는 데에만 30분은 족히 걸리니, 1~2시간 정도를 잡고 올림픽공원까지 여유롭게 둘러보자.
추천시기	덕수궁이나 경복궁 돌담길보다 단풍이 조금 늦다. 11월 초부터 중순까지가 단풍이 절정이다.
편의시설	편의시설이 잘 갖춰져있다. 위례성길이 시작하는 평화의 문 부근에 화장실과 매점, 유모차 대여소가 있다.
경사정도/복장	단풍길 구간이 좀 길다는 것 말고는 잘 포장된 평범한 길이다. 평소 복장으로도 산책하기 충분하다.
주소/문의	서울시 송파구 방이동 88, 2147-3396

위례성길 옆 조각공원. 잔디밭을 수놓은 다양한 조각들을 감상해보자.

가을이 되면 마음이 싱숭생숭하다. 아무 일 없이 우울해지고 별일도 아닌데 상처를 받는다. 낙엽이 툭 떨어졌을 뿐인데 괜히 마음이 짠해지기도 한다. 이런 걸 의학적으로는 '계절성 정동장애'라고 한단다. 영어로는 Seasonal Affective Disorder라니 병명조차 SAD하다.

원인은 일조량에 있다. 여름에서 가을로 오면서 일조량이 급감하는데, 이에 따라 기분을 조절하는 '세로토닌'이란 호르몬 분비도 줄어든다. 기분이 가라앉는 진짜 이유다. 해결책으로는 햇볕을 많이 쬐고, 밝은 분위기를 유지하는 것. 이러한 처방의 모범 답안은 은행나무에 있다. 샛노란 은행나무 길을 걸으면, 가라앉은 마음이 조금은 상쾌해진다. 은행(銀杏)은 은빛 나는 살구라는 뜻인데, 열매가 살구처럼 생겼고 흰 가루로 덮여있어서 그렇단다. 껍질에선 악취가 나지만 열매는 기침에, 은행잎은 혈액순환에 좋다. 하지만 무엇보다 좋은 건, 밝아서다. 노란색 A라인 스커트 같은 발랄한 옷을 입곤 명랑하게 활짝 웃는다. 은행나무 길에선 구겨졌던 마음이 활짝 펴진다.

내 생각에 은행나무길 '끝판왕'은 위례성길이다. 몽촌토성역부터 올림픽공원을 지나 오륜삼거리까지 이어지는데, 공원에서 소마미술관 쪽으로 나오며 우연히 알게 됐다. 나왔더니 바닥이며 가로수며 온통 노랗다. 그것도 페인트로 칠해놓은 것처럼 밝은 노란색으로 균일하게. 지하철역까지 가는 내내 감탄하며 걸었다.

위례성길은 올림픽공원의 상징인 '평화의 문'부터다. 몽촌토성역에서 나오면 한눈에 평화의 문이 보이는데, 공원 입구에 서서 대문 역할을 한다. 거기서 시선을 오른쪽으로 돌리면, 소실점을 향해 끝없이 이어진 노란 길이 보인다. 직선으로 난 이 길이 어디서 끝날까? 쉽게 가늠하기 어려울 만큼 길은 성실히 뻗어 나간다. 올림픽공원을 넘어서도 계속 이어지니 어림잡아 2~3km는 될 것 같다.

거리는 노란색 벽지로 촘촘히 도배되었다. 솜씨 좋은 미장이가 작업을 한 듯, 어디를 봐도 빈틈이 없다. 봄에 봤던 개나리를 잊게 할 만큼 은행잎은 샛노랗다. 개나리가 그냥 커피라면 은행잎은 T.O.P다. 노란색은 흰색 다음으로 밝은 색이다. 괴테는 노랑을 '빛에 가장 가까운 색채'라고 말했다. 또한, 긍정의 색이다. 자신감과 안도감을 느끼게 하고 불안정한 마음을 달래준다. 고흐에겐 노랑이 '희망의 색'이었다. 우중충한 가을, 이유 없이 우울할 때 우리에게 노란색이 필요한 이유다. 은행나무 가득한 위례성길은 더없이 좋은 옐로 테라피의 현장이다.

거리가 모두 노란 가운데서 빨간 점 하나가 눈에 밟힌다. 가까이 가보니 딸기가 거기 있다. 먹는 딸기가 아니라, 캐릭터 '딸기'다. 벤치에 혼자 앉아 가을 타는 것 같은데, 아이들은 딸기를 가만두지 않는다. 그냥 지나치지 못하고 여기저기 만지다가 사진까지 찍고 난 뒤에야 딸기는 혼자가 된다. 딸기 덕분에 이 길이 좀더 명랑해진다.

내가 좋아하는 재즈곡 중에 빌 에반스가 연주한 'Autumn Leaves'가 있다. 가을의 쓸쓸함을 노래하는 멜랑꼴리한 노래인데, 빌 에반스는 이 곡을 빠르고 경쾌하게 풀어낸다. 마치 은행나무처럼 명랑함을 잃지 않고 건반을 눌러댄다. 이 곡을 들으며 위례성길을 걷는다면 걸음이 한결 더 가벼워질지도 모르겠다.

소마미술관 :

올림픽공원 내에 있는 미술관. 서울올림픽미술관에서 소마미술관(SOMA : Seoul Olympic Museum of Art)으로 이름을 바꿔 2006년 재개관했다. 노출 콘크리트와 목재 마감재를 이용하여 건축한 외관이 올림픽공원과 멋지게 어울린다. 425-1077

한성백제박물관 :

백제의 수도이기도 했던 서울의 2천년 역사를 재조명하기 위해 2012년에 개관한 박물관이다. 풍납토성, 몽촌토성, 석촌동 고분군 등 백제 한성기의 핵심 유적과 유물을 체계적으로 보존, 관리한다. 2152-5800

조각공원 :

서울올림픽을 기념하여 세계 66개국 155명의 작가가 제작한 201점의 조각작품이 전시되어 있는 올림픽공원의 부속 공원이다. 세계 제5대 조각공원의 하나로 꼽힌다. 드넓은 잔디밭을 수놓은 다양한 조각들의 모습을 여유롭게 감상해보자. 410-1060

29

보라매공원 :

젊은 기상이 활공하는 곳(동작구 신대방동)

writer's tip
거리 공연을 뜻하는 '버스킹'이 보라매공원에서도 이루어지고
있다. 주변 숭실대 학생들이 버스킹 문화의 확산을 위하여
'프로튜어먼트'라는 프로젝트를 보라매공원에서 진행한다고
한다.

가는방법	2호선 신대방역 4번 출구 도보 5분. 7호선 보라매역 2번 출구 도보 5분. 보라매공원 동문, 서문 주차장 이용 가능(5분에 100원)
규모/소요시간	옛 공군사관학교가 있던 자리로 42만㎡(12만7000평)의 넓은 부지를 자랑한다. 중앙의 잔디광장과 생태관찰숲, 에어파크, 각종 운동장, 연못, 청소년수련관 등 다양한 시설을 갖추고 있다.
추천시기	은행나무, 느티나무, 플라타너스, 메타세콰이아, 버드나무 등 105종 30만 그루의 나무로 우거져있는 보라매공원은 11월 초부터 단풍이 절정을 이룬다.
편의시설	화장실(총 5군데)을 비롯하여 매점, 어린이놀이터와 음수대 등의 편의시설이 잘 갖춰져 있다.
경사정도/복장	길이 잘 정돈되어 있어 평소 복장으로 와도 좋다.
주소/문의	서울시 동작구 신대방동 395, 2181-1181

옥만호 주위로 느티나무와 버드나무가 어우러져 가을의 정취를 느낄 수 있다.

최고의 전투기 조종사를 탑건(Top Gun)이라고 한다. 톰 크루즈가 주연한 동명의 영화가 크게 인기를 끌면서 이 단어도 유명해졌다. 사람들이 잘 알지 못하는 영건(Young Gun)이란 말도 있다. 탑건이 되기 위해 노력하는 젊은 조종사란 뜻이다. 실력도 유명세도 탑건이 한 수 위지만, 영건이란 단어가 좋다. 꿈을 향해 나아가는 젊은 기상 때문에라도 손을 들어주고 싶다. 영건들이 훈련을 받았던 공군사관학교가 있던 역사 때문인지, 보라매공원에서는 젊은 기상이 느껴진다. 공원에 있는 청소년수련관이나 X-게임장, 인라인 스케이트장도 그런 기분을 더한다.

보라매공원은 동작구 신대방동에 있다. 원래 이곳에 있던 공군사관학교가 이전하며, 그 부지를 서울시가 인수했고 42만㎡(12만 7000평)가 넘는 광활한 공간이 서울시민의 것이 되었다. 공군사관학교의 흔적을 공원 곳곳에서 찾아볼 수 있다. 이름부터 그렇다. '보라매'는 아직 털갈이를 하지 않아 보랏빛을 띠는 어린 참매를 ─진짜 영건이다!─ 뜻하는데, 날렵하여 사냥에 많이 쓰였단다. 대한민국 공군을 상징하는 새인데 그대로 공원 이름이 되었다. 후문 백색탑 위에는 보라매 동상이 조각되어 있다.

7호선 보라매역 2번 출구로 나와서 5분이면 보래매공원이다. 서문(西門)에서 공원으로 이어진 진입로에는 가을이면 은행나무 단풍이 멋들어진다. 2차선 도로의 양옆으로 늘어선 노란 단풍잎이 눈길을 사로잡는다. 단풍 구경하느라 오르막길인지도 모르고 걷게 된다. 떨어진 낙엽 사이에 은행도 섞여 있는지 아주머니 몇 분은 고개를 숙이고 은행 줍기에 바쁘다. 눈길이 은행잎에 머무는 동안 귀를 사로잡는 건, 공원 스피커에서 나오는 음악이다. 익숙한 올드팝들이 연이어 흘러나온다.

진입로에서 올라와 고개를 왼쪽으로 돌렸다면, 홀린 듯 향하게 되는 곳이 있다. 에어파크(Air Park)다. 공군사관학교의 흔적이 비행기 8대로 남아 있다. 단순한 항공기가 아니라, 평소엔 보기 어려운 전투기와 수송기, 헬기 등이 있어 더 관심이 간다. 드넓은 잔디밭 위에서 은색의 기체들은 햇빛을 반사하며 휴식을 취한다. 그 사이사이 벤치는 사람 몫이다. 거대한 수송기 프로펠러 옆에서 자전거를 타고 온 자매는 담소를 나누고, 출격을 앞둔 전투기 밑에서 중년의 아저씨는 신문을 읽는다.

에어파크를 나와 공원으로 들어서면 서문과 동문을 잇는 가로수길이 펼쳐진다. 도로 중앙에는 갈색으로 물든 느티나무가 빼곡하다. 나무 밑으로 사람들이 자유롭게 오간다. 교복을 입은 학생들도 눈에 띄는데 유독 가로수길 옆 단층건물로 들어가는 학생들이 많다. 흰 건물 벽에 '보라매 독서실'이란 파란 글자가 큼직하다. 공원에 독서실이라 언뜻 어울리지 않는 조합이지만, 한편으로 답답한 곳보단 탁 트인 곳이라 공부하다 중간중간 쉬기에 좋겠다는 생각이 든다.

아니나다를까, 학생들 몇이 독서실에서 축구공을 들고 나오더니 맞은편 잔디광장으로 향한다. 공부하다 잠깐 놀러 나온 눈치다. 광장은 마침 비워져 있고, 잔디는 바랬지만 뛰어놀기엔 손색이 없다. 아이들은 스트레스를 발끝에 모아 있는 힘껏 공을 찬다. 솟아오른 공은 하늘을 가르며 멀리까지 날아간다. 입시에 지친 영건들을 대신한 축구공의 멋진 비행이다. 단풍으로 물든 나무들이 광장 주위로 늘어서서는 이 광경을 지켜본다.

도로 중앙에는 갈색으로 물든 느티나무가 빼곡하다.

울긋불긋한 단풍 사이로 올드팝의 선율이 공원을 채운다.

　　잔디광장에서 남문 방향으로 나오면 보이는 연못은 '옥만호'다. 한국전쟁 100회 출격에 빛나는 전설의 탑건, 옥만호 전 공군참모총장의 이름을 땄다고 한다. 아담한 크기지만 갈대와 강아지풀이 잔잔한 수면과 함께 어우러져 가을 느낌을 물씬 풍긴다. 연못 주위로 잎을 늘어뜨린 버드나무가 많은 것도 특징이다. 축 처진 버드나무들은 아직까지 파릇한 초록색 잎으로 건재함을 과시한다.

　　잔디광장을 비롯한 공원의 대부분이 영건들의 구역이라면, 여긴 탑건을 경험했던 어른들의 장소다. 버드나무 옆 정자에는 바둑이나 장기를 두며 담소를 나누는 어르신들로 북적인다. 연못 주변 벤치에는 억새보다 더 희끗희끗한 머리의 할아버지, 할머니들이 지팡이를 놓고 잠시 쉬었다 간다. 여전히 공원을 채우는 올드팝의 선율이 수면을 따라 잔잔히 흘러간다.

에어파크 :

보라매공원 내의 부속공원으로, 공군사관학교의 옛터인
보라매공원의 역사적 의미를 되새기고 공군의 이미지를
가깝게 느끼도록 하기 위하여 비행기를 전시해놓은 공간이다.
총 8대(수송기1, 훈련기2, 헬기1, 통제기1, 전투기3)를
전시하고 있으며, 각 비행기마다 자세한 설명을 붙여놓아
이해가 쉽도록 했다.

고다방 :

보라매공원 동문, 보라매병원 맞은편에 위치한 카페 겸
도시락집. 착한 가격의 커피(아메리카노 900원)와 푸짐하고
맛있는 도시락으로 공원과 병원을 찾는 이들에게 인기가
높다. 876-2606

서서울호수공원 :

지금 비행기를 만나러 갑니다(양천구 신월동)

writer's tip
중앙호수의 소리분수에는 조명시설이 되어 있다. 밤에도 은은한
빛과 함께 솟구치는 분수를 감상할 수 있다.

가는 방법	서서울호수공원은 지하철역과 멀어 찾아가기 쉬운 좋은 편은 아니다. 지하철에서 내려 버스로 갈아타거나 자동차를 이용해야 한다. 5호선 까치산역 4번 출구에서 653번 버스로 환승. 서서울호수공원 주차장 이용 가능(10분에 100원)
규모/소요시간	능골산을 낀 공원의 면적은 약 21만㎡(약 6만 3천평)로, 작은 규모는 아니다. 소리분수가 있는 중앙호수까지 산책하고 오는데 적어도 30분은 걸린다.
추천시기	단풍이 다소 늦은 편이다. 11월 중순까지도 단풍의 절정이 이어진다.
편의시설	공원 입구와 중앙호수의 방문자센터에 화장실이 있다. 공원에는 물놀이장과 어린이놀이터, 약수터도 있으니 참고하자.
경사정도/복장	공원은 전체적으로 잘 정돈되어 있으나, 나직한 경사가 있는 길이 몇 군데 있다. 편한 신발과 복장으로 오는 것이 좋겠다.
주소/문의	서울시 양천구 신월동 산 68-3, 604-3004

파란 하늘을 가르는 비행기가 서서울호수공원을 경유한다.

일 년에 서너 번쯤 문득 여행을 떠나고 싶은 순간이 있다. 잠시 모든 걸 잊고 싶을 때, 현실이 답답할수록 더 그렇다. 당장이라도 여행을 가고 싶지만, 그럴 수 없을 땐 하늘을 본다. 하늘을 가르며 날아가는 비행기라도 보게 되면, 짧은 순간이지만 여행을 상상하곤 한다. 그러면 여행의 갈증이 낙타눈물만큼은 해소된다. 비행기는 그런 존재다.

맨 처음, 서서울 호수공원이 생겼다는 소식을 듣고 가장 먼저 떠오른 건 비행기였다. 내가 다닌 중학교가 이 공원 근처였는데, 하루종일 머리 위로 비행기가 오갔다. 그래서 '공원 가면 비행기는 많이 보겠네!'라는 기대와 '소음 때문에 괜찮으려나?'하는 우려가 동시에 들었다. 서서울호수공원은 원래 수돗물을 공급하던 정수장이었다. 신월 정수장이 서울 서남권을 대표하는 생태공원이 된 건 2009년이다. 기존의 정수장 시설을 최대한 활용해 '물'과 '재생'을 주제로 하여 친환경 공원으로 꾸몄다. 관계자 외 출입을 금하던 보안시설이 누구나 찾을 수 있는 공원이 되면서, 분위기도 확 바뀌었다. 성냥갑처럼 네모난 정수장 건물은 남아있지만, 이젠 동네 아이들의 거대한 놀이터―규모는 여의도공원만큼 크다―이자 생태공원이 되었다. 50년이 넘는 시간이 무색할 정도의 동안(童顔)으로 변신했다.

남부순환로를 따라가다 보면 신월IC 조금 못 미치는 곳에 서서울호수공원이 있다. 진입로부터 은행나무와 플라타너스가 무성하다. 은행잎이 노랗게 깔린 자리에 누가 책상과 의자 몇 개를 가져다 놓았다. 아담한 동네 사랑방의 느낌이다. 공원 옆으로 초등학교가 붙어있고 문방구와 분식집이 그 앞으로 옹기종기 모여있다. 교문을 뛰쳐나온 아이들은 분식집으로 모여든다. 떡볶이를 한 접시 먹고 붕어빵을 집어들곤 누가 먼저랄 것도 없이 공원으로 들어간다.

공원은 나지막한 언덕에 자리 잡았다. 언덕 위로 부드럽게 휘어지는 산책로엔 억새가 길을 따라 하얗게 피었다. 활주로에서 점멸하는 유도등처럼 우리를 숲으로 안내한다. 산책로 너머 능골산에는 가을이 수놓은 단풍의 무늬가 선명하다. 그리고 단풍이 칠하지 못한 여백은 푸르디푸른 하늘로 채워진다. 공원으로 무릎 굽히고 앉은 듯 가까워진 하늘이 닿을 것만 같다.

산책로 왼편으로는 새빨간 식탁이 놓여있는데 그 길이가 놀랍다. 공원 반대편 끝까지 쭉 뻗었다. 자그마치 백 명이 앉아 식사할 수 있다는 '100인의 식탁'이다. 소풍 나온 아이들이 여기에 쭉 앉아서 김밥을 먹는 모습을

상상하니 진풍경이다. 식탁과 산책로 사이에 널따란 잔디밭도 있어서 돗자리를 가져와서 이곳에서 쉬어도 좋을 것 같다.

　산책로에서 정자가 있는 갈림길을 따라 왼쪽으로 조금 더 올라가면 공원의 자랑, 소리 분수가 나온다. 정수장 시설이었던 인공호수를 활용, 수면 위에 41개의 분수를 일렬로 설치해놓았다. (아쉬운 것은 소리 분수의 가동은 5월부터 9월까지다.) 분수는 비행기가 지나갈 때마다 그 소리를 감지하여 물을 쏘아 올린다. 호수 주변 벤치에 앉아 기다리고 있으면 5분도 안 돼서 비행기는 등장한다. 먼 하늘에 점으로 나타난 기체는 점점 커지기 시작해서 그 육중한 몸매를 드러낸다. 날렵한 엔진 소리와 함께 서서히 다가와서는, 정점에서 하얀 배를 보여주곤 빠르게 사라져버린다. 사라진 비행기를 분수는 뒤늦게 쫓는다. 궤적을 따라 41개의 분수가 순서대로 쫘르륵 솟아오른다. 하늘을 가르듯, 비행기는 호수를 가른다.

　　언제나 분수가 작동하는 건 아니다. 소리가 81데시벨 이상이어야 한단다. 호수 앞에서 분수쇼를 기다리던 사람들에겐 멀찍이 떨어져서 조용하게 날아가는 비행기는 야속하다. 반대로, 낮게 날고 시끄러울수록 인기다. 비행기의 소음이라는 부정적 자극을 긍정적 자극으로 바꾼 발상의 전환이다. 내 걱정은 말끔히 사라졌다. 적어도 이 공원 안에서 비행기 소음은 환영받는 존재다. 비행기는 오늘도 힘차게 서서울호수공원을 경유한다.

소리 분수 :
중앙호수 가운데에는 41개의 분수를 일렬로 설치해놓았다. 분수는 비행기가 지나갈
때마다 그 소리를 감지하여 물을 쏘아 올린다.(81데시벨 이상) 시끄러운 비행기 소리가
오히려 기다려지게 만든 발상이 돋보인다.

몬드리안 정원 :

옛 신월정수장의 침전조 구조물을 활용해 만든 정원이다.
추상화가 몬드리안이 연상될만큼 직선을 강조하여 수직,
수평의 선으로 정원을 꾸며놓았다. 미국 조경가협회가
수여하는 전문가 부문 우수상을 받기도 했다.

100인의 식탁 :

공원 입구, 넓은 잔디밭의 초입에는 멀리서도 보이는 강렬한
빨간 식탁이 자리한다. 100명이 앉아서 식사를 할 수 있을만큼
긴 식탁이라 그 이름도 100인의 식탁이다.

31)

능동로 :

담장이 없어 더 걷고 싶은 길(광진구 능동)

writer's tip
뭘 먹고자 한다면, 건대 먹자골목으로 가자. 능동로에서
음식점들이 가장 많이 밀집한 곳으로 약500여 개에 달한다.
대학교 앞이라 가격도 저렴하다.

가는 방법	능동로 단풍길 산책은 어린이대공원부터 시작하자. 건대입구까지 내리막길이 이어져서 좀더 수월하게 걸을 수 있다. 7호선 어린이대공원역 1번 출구 어린이대공원 주차장 이용 가능(5분에 150원)
규모/소요시간	단풍길 구간인 어린이대공원부터 건대입구까지는 약 2km 남짓 된다. 30분 정도의 길지 않은 산책코스이다.
추천시기	주말에 어린이대공원을 찾으면서 같이 들러도 크게 붐비지 않는 길이다. 느티나무와 단풍나무 가로수가 11월 초에 가장 아름답게 물든다.
편의시설	화장실은 어린이대공원이나 지하철역을 이용하자. 세종대나 건국대의 담장을 허문 공간에는 벤치 등 쉴 곳이 잘 마련되어 있다.
경사정도/복장	보행로가 넓고 화강암으로 포장되어 있는, 걷기 좋은 길이다. 신발이나 복장은 크게 신경쓰지 않아도 된다.
주소/문의	서울시 광진구 능동 일대, 450-7792

담장이 없어지면서 무뚝뚝했던 능동로의 표정이 180도로 달라졌다.

능동로는 서울 광진구 능동을 지나는 4차선 도로다. 별다를 것 없이 평범했던 이 길이 변하게 된 계기는 '디자인 서울거리'로 선정되면서다. 벽을 허무는 것부터 시작했다. 능동로에 있는 어린이대공원과 세종대, 건국대의 담장을 허물어 길을 텄다. 보행로를 넓히고, 녹지를 만들어 앉아서 쉴 수 있게 했다. 사회적 약자를 위한 배려도 잊지 않았다. 유모차나 휠체어가 다니기 좋도록 길을 화강암으로 평탄하게 포장하고, 차량 진출입로 부근의 턱도 없앴다.

서울시에서 선정하는 아름다운 단풍길에도 그 이름을 올렸고 언제부터인가 '걷고 싶은 거리'라는 애칭도 갖게 됐다. 어린이대공원부터 건대입구까지의 2킬로미터 구간이다. 무뚝뚝했던 길의 표정은 이렇게 180도로 달라졌다.

능동로 단풍길을 걷고 싶다면 어린이대공원부터 시작하면 좋다. 여기서부터 건대입구까지 내리막길이 이어지기 때문이다. 7호선 어린이대공원역 1번 출구로 나오면 탁 트인 느낌이다. 대공원 앞 광장이 넓은 품을 벌려 손님을 맞이한다. 광장 중앙에는 어린이대공원의 정문이 있는데, 2층으로 된 청기와 대문의 크기가 남다르다. 광화문과 그 규모가 비슷하다고 할 정도로 으리으리하다.

대문에 채색된 화려한 단청처럼 대공원 안으로도 단풍이 곱게 물들었다. 아이를 데리고 단풍놀이 온 엄마들도 눈에 많이 띈다. 유모차를 끌고 대공원으로 향하는 발걸음이 가벼워 보이는데, 기분 탓만은 아니다. 그 이유는 발밑에 있다. 흔한 보도블록이 아닌 깔끔하게 포장된 화강암 재질의 보행로 덕분이다. 거리가 더욱 환해 보인다.

어린이대공원 맞은편에도 멋들어진 한옥 대문이 있다. 바로 세종대학교 정문이다. 크기는 대공원 정문에 비하면 겸손하지만, 단청은 그 못지않게 화려하다. 그리고 정문 양옆으로 펼쳐진 단풍길은 오히려 맞은편 길보다 짙은 것이 한 수 위다. 이른바 단풍 터널길이다. 느티나무와 단풍나무의 무성한 잎들이 울긋불긋한 터널을 만든다. 나무가 드리운 무채색의 그림자 위로 확연히 대비되는 원색의 우거진 수풀이 뭉게뭉게 피어오른다.

보기도 좋지만 걷기도 좋은 길이다. 세종대의 담장을 허물어 길을 튼 것이다. 담장 대신 나무를 심고, 나무둥치에는 앉을 수 있도록 데크를 둘러 벤치를 만들었다. 나무도 일직선이 아니라 부드럽게 굽어지듯 심었다. 그 때문에 길엔 넉넉한 풍성함이 생겼다. 마치 백사장에 파도가 치듯, 하얀 화강암 보도 위로 나무가 물결치며 이어져 나간다.

어린이대공원역을 지나서 건국대 방향으로 걸어가면, 내리막길이 이어진다. 한결 편해진 발걸음을 따라 마음도 경쾌해진다. 여기서부터는 왼쪽 길이 걷기에 더 낫다. 오른쪽 길은 상점이 많아 번잡하기도 하고, 왼쪽 길이 나무가 더 우거져있어 단풍을 즐기기 좋은 까닭이다.

길을 건너서 왼쪽길을 따라 내려가면 삼삼오오 모여있는 적단풍나무를 마주치게 된다. 꽃보다 더 붉은 단풍잎이 가을 정취를 한껏 돋운다. 색이 덜 든 느티나무와 은행나무는 여기에 끼지 못하고 저 뒤로 물러난다.

단풍나무를 지나서는 느티나무 가로수가 만드는 아담한 터널로 접어든다. 보행로 왼쪽으로는 커다란 콘크리트벽이다. 진회색 콘크리트를 배경으로 알록달록한 벽화가 그려져있어 눈길을 끈다. 2012년 가을, 누구도 거들

떠보지 않던 벽면이 세종대 회화과 학생들 덕분에 새롭게 탄생했다. 벽화 옆에 붙은 현판에서 그 기특한 이름들을 찾아볼 수 있다.

세종대와 마찬가지로 건국대도 담장을 허물었는데 바로 이 지점부터다. 경계에 세워진 높다란 벽을 없애고, 나무를 심고 벤치를 놓았다. 입구에는 키 높은 소나무를 몇 그루 심어놓아서, 겨울에도 휑하지 않을 작은 쉼터가 만들어졌다. 규모가 크진 않지만, 지나다가 잠시 쉬기 좋은 공간이 된 것이다. 어린이대공원부터 여기까지 걸으며 처음으로 쉬어간다. 담장허물기가 주는 달콤한 휴식이다.

어린이대공원 :

1973년 어린이날에 개장하여 80년대 후반 롯데월드 등의
규모가 큰 테마파크가 생기기 전까지 큰 인기를 끌었다.
지금은 예전에 비해 찾는 이가 줄었지만, 여전히 서울시민들이
자녀와 함께 찾기에 좋은 공간이다. 현재 무료로 개방하고
있다(일부 시설은 유료). 450-9311

세종대 :

능동로와 맞닿아있는 세종대가 담장을 허물고 디자인
서울거리로 말끔하게 변신했다. 담장을 걷어낸 곳에는 나무를
심고, 나무둥치에는 앉을 수 있도록 데크를 둘러 벤치를
만들었다. 길을 넓히고 화강석으로 포장했을 뿐만 아니라,
보행로의 턱을 없애 보행자와 자전거, 유모차, 휠체어 등이
쉽게 다닐 수 있게 했다.

건국대 :

서울에서 세번째로 넓은 캠퍼스를 자랑한다. 건국대 주위로는
음식점들이 밀집한 먹자골목과 상설할인매장들이 있는
로데오거리 등이 형성되어 있다.

송정제방 :

단풍의 속도를 따라 걷는 길(성동구 송정동)

writer's tip
송정제방길 입구에 있는 살곶이 지하보도로 내려가면 중랑천과
연결되며, 살곶이다리를 통해 반대편으로 건너갈 수도 있다.

가는 방법	송정제방은 중랑천을 끼고 이어지며 한양대역과 뚝섬역을 사이에 두고 있다. 뚝섬역에서 걸어가는 편이 조금 더 가깝다. 2호선 뚝섬역 1번 출구 도보 5분. 살곶이공원 공영주차장 이용 가능(10분에 100원)
규모/소요시간	송정제방길은 성동교부터 군자교까지 이어진 3.2km 구간이다. 산책하듯이 걸으면 한 시간 남짓 걸린다.
추천시기	단풍이 다른 곳에 비해 늦게 오는 길이다. 11월 중순은 되어야 단풍의 절정을 감상할 수 있다. 대체로 한적해서 주말에도 걷기 좋다.
편의시설	송정제방길 중간지점에 화장실과 함께 간단한 운동기구가 마련되어 있다.
경사정도/복장	제방 위로 평탄한 길이 계속 이어진다. 은행잎 낙엽이 쌓인 곳은 조금 미끄러울 수도 있다. 편한 신발을 신자.
주소/문의	서울시 성동구 송정동 일대. 2286-5673

송정제방길은 이름난 단풍길 중에서도 유독 그 속도가 느리다.

단풍의 속도는 시속 1km라고 한다. 설악산 대청봉부터 시작해서 하루 평균 25km의 속도로 남하하니, 대략 한 시간에 1km를 가는 거다. 사람이 한 시간에 4km를 걷는다고 치면, 그리 빠르지는 않은 속도다. 가을은 생각보다 천천히 우리에게 온다. 그런데도 우린 단풍을 놓치기 일쑤다. 매년 가을마다 단풍놀이를 희망차게 계획하지만 대부분 수포로 돌아간다. 가을은 그런 우리를 생각보다 빨리 스쳐 간다.

실망은 말자. 우리의 속도도 제각각이듯이, 단풍의 속도도 장소마다 다르다. 서울의 이름난 단풍길 중에서도 유독 그 속도가 느린 곳이 있다. 바로 송정제방 단풍길이다. 이미 다른 곳에 단풍이 다 졌더라도 이곳에서 아직 우리를 기다리는 단풍이 있을지 모른다.

송정제방은 성동구 송정동에 있다. 중랑천과 동부간선도로 옆에 있는 제방이다. 한양대와 뚝섬역을 잇는 성동교에서 바라보면, 한가운데로는 중랑천이 흐르고, 오른쪽 위로는 차들이 바쁘게 오가는 동부간선도로다. 그 옆으로 우뚝 솟아있는 땅 위에서 울창한 나무들이 이 모든 걸 굽어보는 곳이 바로 송정제방이다. 그래서 송정제방에 서면 서울의 흘러가는 모습이 한눈에 내려다보인다.

송정제방길 중에서는 성동교부터 군자교까지 이어진 3.2km 구간이 단풍길로 유명하다. 그리고 이곳의 단풍 속도는 서울에서도 가장 느린 편에 속한다. 이곳을 찾았던 11월 중순이면 단풍도 거의 끝물인데, 여긴 한창이다. 정확한 이유는 모르겠지만, 아마 따뜻해서가 아닐까. 중랑천 물가인데

다가 제방의 경사면이 햇빛을 더 많이 받아서, 그래서 단풍이 늦게 오나 싶다. 길은 중간에 성동세무서를 끼고 거의 직각으로 휘어진다. 재밌는 건 군자교부터 성동세무서까지의 위쪽은 단풍이 완연한데, 성동세무서부터 성동교까지의 아래쪽은 단풍이 덜 들었다. 단풍길은 총 3.2km이고 아래쪽은 그 반이니 1.6km 남짓. 시속 1km로 내려오는 단풍의 속도로 치면 두 시간도 안 걸릴 텐데, 유난히 아래로는 단풍이 더디다. 아직도 싱그러운 잎들이 겨울로 접어드는 11월 중순이라는 사실을 잊게 한다.

뚝섬역 1번 출구로 나와 5분 남짓 걸어가면, 성동교 사거리의 표지판을 어렵지 않게 찾을 수 있다. '송정제방공원'이라 적힌 표지판을 따라 들어서면 호젓한 산책로가 펼쳐진다. 옆 동부간선도로에선 차들이 쌩쌩 달려대지만, 다른 세상처럼 한적하다. 이 지점이 제방길에서 단풍이 가장 마지막으로 오는 종착지다. 길 양쪽으로 우거진 느티나무와 벚나무가 설익은 잎을 흔들며 결승점에서 단풍이 오기만을 기다린다. 설익은 단풍 구간은 살곶이교 지하보도 부근까지다.

송정제방길 졸업생 중에 그 수가 가장 많은 건 단연 은행나무다. 산책로를 뒤덮은 은행잎 덕에 바닥에 칠해놓은 노란 분리선이 서너 개로 늘어났다. 고개를 드니 하늘에도 은행잎이 가득하다. 산책하는 걸음이 어느새 단풍의 속도와 가까워진다. 시속 1km로 걷는 내 옆으론 100km의 차들이 동부간선도로를 빠져나간다. 단풍과 자동차의 속도 사이에서 우리 삶의 속도를 고민해본다.

살곶이 다리 :

조선시대 석교 중 가장 긴 다리다. 태조 이성계가 태종 이방원에게 쏜 화살이 태종이 있던 그늘막에 꽂혔다는 일화에서 '살곶'이라는 이름이 유래했다. 국왕이 사냥이나 군사훈련 참관을 위해 뚝섬으로 행차할 때 이용했다고 한다. 매년 조선시대 최고 국가 행사였던 '이성계 사냥행차'가 재현되고 있다.

살곶이 체육공원 :

중랑천을 따라 조성된 체육공원이다. 인라인스케이트장과 함께 수영장, 축구장, 농구장 등 다목적 체육시설이 마련되어 있다.

중랑천 :

서울에서 가장 긴 하천으로, 경기도 양주시부터 의정부시를 거쳐 성동구의 성수교 부근에서 한강과 합류한다. 성동구를 지나는 중랑천 일대는 서울시에서 처음으로 지정한 철새보호구역이다. 겨울이 되면 황조롱이 등의 다양한 철새들이 이곳을 찾아와 이색적인 풍경이 펼쳐진다.

꽃
길 & 단풍길 20

꽃
길

응봉산 개나리꽃길

서울에서 봄을 가장 먼저 알리는 개나리 명소다. 4월이면 개나리 축제가 열리는데, 노란 꽃이 온 산을 뒤덮는다. 밤에는 서울 야경이 한 눈에 내려다보이고, 위로는 별자리가 총총 빛나는 별자리 명당이기도 하다. 서울시 선정 '도심 속 별자리 명당 10선' 중 한 곳.

주소/문의 서울시 성동구 응봉동 일대, 2286-6319 **길이/개화시기** 1.5km, 개나리 3월 말~4월 중순 **가는 길** 중앙선 응봉역 1번 출구 도보 5분.

인왕산 개나리꽃길

개나리하면 인왕산도 응봉산에 뒤지지 않는다. 개나리꽃 뿐만 아니라 진달래, 벚꽃까지 함께 만날 수 있으며 서울성곽길을 따라 걷는 정취가 훌륭하다. 사직공원부터 황학정을 거쳐 북악스카이웨이까지 가는 길은 드라이브 코스로도 유명하다.

주소/문의 서울시 종로구 사직동 일대, 2148-2861 **길이/개화시기** 1.2km, 개나리 4월 초~4월 말, 진달래 4월 초~4월 말, 벚꽃 4월 중~4월 말 **가는 길** 3호선 경복궁역 1번 출구 도보 10분.

양재천 개나리꽃길

산책하고 운동하기 좋은 봄꽃길로는 양재천이 손꼽힌다. 봄이면 개나리가 양재천을 끼고 줄지어 피어난다. 양재천은 강남구와 서초구를 가로지른다. 꽃구경에 근처가 강남 빌딩숲임을 잊게 된다.

주소/문의 서울시 강남구/서초구 양재천 일대, 2155-6894 **길이/개화시기** 2.5km, 개나리 4월 초~4월 말, 벚꽃 4월 중~4월 말 **가는 길** 3호선 도곡역 4번 출구 도보 5분.

청계산 진달래능선

도심에선 보기 힘든 진달래를 원없이 볼 수 있는 곳. 진달래꽃이 만드는 900m의 분홍빛 능선을 청계산에서 만날 수 있다. 서울 시내에서 봄맞이 꽃구경 등산으론 최고의 곳이다.

주소/문의 서울시 서초구 원지동 일대, 2155-6894 **길이/개화시기** 0.9km, 진달래 4월 초~4월 말 **가는 길** 신분당선 청계산 입구역 2번 출구 도보 10분.

부천 원미산 진달래동산

7호선이 있어 서울에서의 교통편도 좋다. 산을 뒤덮은 진달래 군락이 무척 고와서 봄나들이 추천 명소다. 4월마다 축제가 열리는데 소도시의 꽃축제라고 무시했다간 큰 코 다친다. 진달래 동산의 규모도 크고, 찾는 인파도 적지 않다.

주소/문의 부천시 원미구 춘의동 일대, 032)625-5400 **길이/개화시기** 0.6km, 진달래 4월 초~4월 말 **가는 길** 7호선 부천종합운동장역 2번 출구 도보 10분.

여의도 윤중로 벚꽃길

서울에서 벚꽃하면 여의도부터 떠올릴
정도로 서울의 대표적인 벚꽃길이다.
봄이 되어 벚꽃이 피면 윤중로 뿐만
아니라 여의도 전체가 벚꽃에 휩싸인다.
축제기간에는 꽃구경 인파에 밀려다닐
정도니 대중교통을 이용하자.
주소/문의 서울시 영등포구 여의도동
일대, 2670-3765 **길이/개화시기** 6.9km,
벚꽃 4월 중~4월 말 **가는 길** 5호선
여의나루역 2번 출구 도보 5분

어린이대공원 벚꽃길

어린이대공원도 여의도 뒤지지 않는
유명한 벚꽃 명소다. 왕벚나무 1,100여
그루가 산책로를 끼고 터널을 만들어
환상적인 분위기를 연출한다. 아이들이
좋아하는 동물원도 있어 가족끼리
봄나들이하기 좋다.
주소/문의 서울시 광진구 능동 일대, 450-
9321 **길이/개화시기** 1.5km, 벚꽃 4월 중~
4월 말 **가는 길** 7호선 어린이대공원역 1번
출구 도보 1분.

아차산 워커힐 벚꽃길

벚꽃 드라이브 코스로 소문이 자자한
곳이 아차산 워커힐길이다. 벚꽃 터널
드리워진 산길을 오르내리다보면
꽃잎으로 차창이 덮일 지도 모르겠다.
물론 걷기에도 좋은 길이다.
주소/문의 서울시 광진구 광장동 일대,
450-7783 **길이/개화시기** 1.5km, 벚꽃
4월 중~4월 말 **가는 길** 5호선
광나루역 2번 출구 도보 15분.

현충원 수양벚꽃길

현충원은 수양벚꽃으로 유명하다.
중부지방에서 많이 볼 수 있는
수양벚꽃은 가지가 축 늘어져있어
한결 더 여성스러운 정취를 풍긴다.
바람이라도 불면 춤추듯 흔들리는
모습이 감탄을 자아낸다.
주소/문의 서울시 동작구 사당동 일대,
811-6332 **길이/개화시기** 2.5km, 벚꽃
4월 중~4월 말 **가는 길** 4/9호선 동작역
8번 출구 도보 1분.

당인리발전소 벚꽃길

외부인 출입이 통제되는 당인리발전소
(서울화력발전소)가 일 년에 딱 한 번,
그 문을 열 때가 있다. 바로 벚꽃 피는
4월이다. 닫혀있던 철문 안에 숨었던
벚나무의 아름다움을 들여다 볼 수
있는 좋은 기회다.
주소/문의 서울시 마포구 합정동 일대,
02)3153-9552 **길이/개화시기** 0.5km, 벚꽃
4월 중~4월 말 **가는 길** 2/6호선 합정역
7번 출구 도보 10분.

서울대공원 벚꽃길

과천 서울대공원의 벚꽃은 다른
곳보다 일주일 정도 늦게 핀다. 그래서
벚꽃놀이 지각생들에게는 그렇게
고마울 수가 없는 곳이다. 더군다나
동물원과 서울랜드, 현대미술관에
경마공원까지 있어 즐거운 곳이다.
주소/문의 경기도 과천시 막계동 일대,
500-7521 **길이/개화시기** 7km, 벚꽃
4월 중~4월 말 **가는 길** 4호선 대공원역
2번 출구 도보 10분.

금천구 벚꽃십리길

벚꽃십리길은 금천구청역에서
가산디지털단지역까지 이어지는
길이다. 20여 년이 넘은 벚나무 600여
그루가 기찻길을 따라 쭉 이어진다.
기차놀이하듯 촘촘히 이어진 벚꽃
사이를 걷다보면 여행이라도 하듯
마음이 들뜬다.
주소/문의 서울시 금천구 시흥동 일대,
02)2627-1672 **길이/개화시기** 3.1km, 벚꽃
4월 중~4월 말 **가는 길** 1호선 금천구청역
1번 출구에서 도보 1분.

중랑천 양귀비꽃길

늦봄 무렵이면 중랑천 둔치가
양귀비꽃으로 뒤덮인다. 군자교부터
이화교까지가 붉게 물들어 쉽게 지나칠
수 없게 만든다. 창포꽃이나 야생화도
함께 피어 아름다움이 한결 더하다.
주소/문의 서울시 동대문구 중랑천
일대, 2127-4778 **길이/개화시기** 35.6km,
꽃양귀비 5월 중~6월 중 **가는 길** 5호선
장한평역 4번 출구 도보 7분.

강동 허브천문공원

색다른 꽃을 감상하고 싶다면
'허브천문공원'에 가 보자. 포피, 라벤더
등 계절별로 다양한 허브가 아름다운
모습을 자랑한다. 새벽 일출을 감상할
수 있는 전망대나 일몰을 볼 수 있는
관찰대도 있고 공원 바닥 곳곳에는
별자리 조명을 설치해서 화려한
볼거리를 연출한다.
주소/문의 서울시 강동구 둔촌동 일대,
3425-6464 **길이/개화시기** 0.3km, 계절에
따라 다름 **가는 길** 5호선 길동역 2번 출구
도보 15분.

양천 신트리공원

목동 아파트단지 사이에 단정하게
자리잡은 신트리공원은 금낭화를
비롯한 야생화 단지가 있어 희귀한
꽃들을 쉽게 볼 수 있다. 장미원에도
900여 그루의 장미가 심어져있으며
아이들의 자연학습장으로 사랑받는
곳이다.
주소/문의 서울시 양천구 신정동 일대,
2620-3583 **길이/개화시기** 1.5km,
야생화 4월 중~6월 중 **가는 길** 2호선
신정네거리역 4번 출구 도보 7분.

단
풍
길

남산 소월길

남산맨션부터 힐튼호텔까지 이어진
소월길은 남산 단풍의 단면을 그대로
드러낸다. 구불구불 이어진 산길을 따라
걸어도 좋고 드라이브를 해도 좋다. 오후
햇살이 노란색 은행잎을 금빛으로 빛나게
할 때가 가장 아름답다는 것을 기억해두자.
주소/문의 서울시 용산구 남산 일대,
2199-7623 **길이/수종** 2.9km, 은행나무
가는길 1/4호선 서울역 10번 출구 도보 5분.

중구 동호로

동국대 입구부터 청계5가까지 은행나무
가로수가 두줄로 쭉 이어져 있는 길이다.
동호로와 더불어 장충단공원과 신라호텔
조각공원도 가을의 고즈넉한 분위기를
한층 돋운다. 부근에 남산골 한옥마을도
있으니 여유가 있으면 같이 둘러보자.
주소/문의 서울시 중구 장충동 일대,
3396-5864 **길이/수종** 1.4km, 은행나무
가는길 3호선 동대입구역 6번 출구 도보 1분.

신사동 가로수길

언제나 멋쟁이들로 북적이는 신사동
가로수길이지만, 가을이 되면 은행나무
단풍으로 더욱 그 멋을 더한다. 은행나무가
바라보이는 노천 카페에 앉아 짙어가는
가을을 커피와 함께 만끽해보자.
주소/문의 서울시 강남구 신사동 일대,
3423-6252 **길이/수종** 0.7km, 은행나무
가는길 3호선 신사역 8번 출구 도보 5분.

동대문구 회기로

경희대와 고려대 사이에 있어 '젊음의
거리'라고도 불린다는 회기로는 은행나무
단풍으로 유명하다. 바로 근처에
홍릉수목원이 있으니 같이 둘러본다면
금상첨화다.
주소/문의 서울시 동대문구 회기동 일대,
2127-4774 **길이/수종** 1.8km, 은행나무
가는길 1호선 회기역 1번 출구 도보 7분.

망우산 사색의 길

망우산은 크지 않은 산이지만, 오세창,
한용운, 방정환 등 유명인사의 묘소가
있으며, 약수터와 함께 '사색의 길'이라
불리는 산책로가 유명하다. 적당한 경사가
있어 달리기 연습하기에도 좋아서 서울
3대 마라톤 훈련명소라고도 한다. 산책로
주변으로 벚나무와 참나무가 멋진 단풍을
만들어낸다.
주소/문의 서울시 중랑구 망우동 일대, 2094-
2373 **길이/수종** 5.2km, 왕벚나무, 참나무 **가는
길** 중앙선 양원역 2번 출구 도보로 10분.
7호선 상봉역에서 버스 5분.

1판 1쇄 인쇄 2014년 4월 10일
1판 1쇄 발행 2014년 4월 15일

지은이   전현규
펴낸이   정원정, 김자영
편집   홍현숙
디자인   LOOKBOOK

펴낸곳   즐거운상상
주소   서울시 종로구 필운대로 5길 26-1(누하동 158-3)
전화   02-706-9452 팩스 02-706-9458
전자우편   happywitches@naver.com
출판등록   2001년 5월 7일
인쇄   백산하이테크

ISBN 979-11-5536-012-5 13980